零起步钩出
甜蜜宝贝装

亲近肌肤的天然编织小物

日本宝库社 编著 王 慧 译

U0194057

河北科学技术出版社

天使一样的宝贝，欢迎来到爸爸妈妈的世界

在你降生的那一天，爸爸妈妈别提有多开心。欢迎来到这个新世界。

看着你可爱的脸庞，爸爸妈妈是最幸福的人。

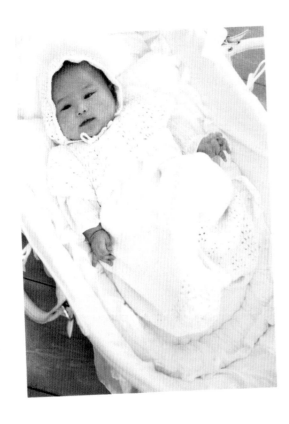

婴儿裙、帽子、袜子

0~6 个月

令人期待的三件套。用无农药栽培的 100% 有机棉毛线，温柔地包裹着婴儿，呵护敏感的肌肤。

- 设计：水原多佳子　制作：水原种子
- 毛线：HIDAMARI ORGANIC
- 编织方法：P33

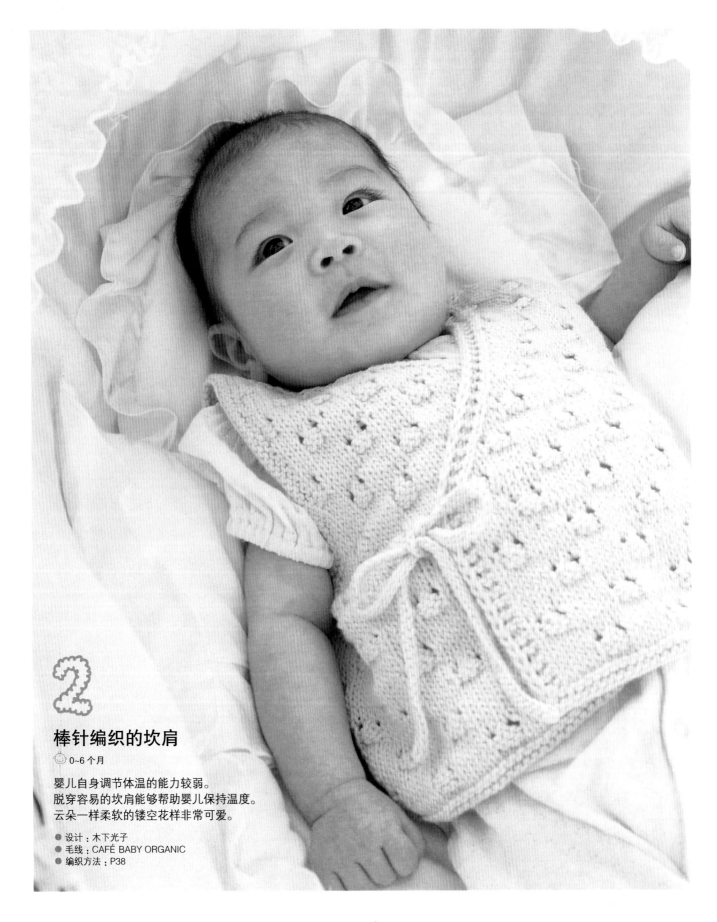

2

棒针编织的坎肩

😊 0~6 个月

婴儿自身调节体温的能力较弱。
脱穿容易的坎肩能够帮助婴儿保持温度。
云朵一样柔软的镂空花样非常可爱。

● 设计：木下光子
● 毛线：CAFÉ BABY ORGANIC
● 编织方法：P38

襁褓

0个月~

流苏让婴儿看着就开心。
艾伦花样总是让人赏心悦目，
而且可以使用很长时间。

● 设计 : OKAMARIKO
● 毛线 : HIDAMARI ORGANIC
● 编织方法 : P37

钩针编织的坎肩

⊙ 3~6 个月

坎肩穿起来非常方便，织多少件都不嫌多。
钩针编织的花纹，有种令人怀念的柔和的
感觉。

● 设计：前芽由美子
● 毛线：HIDAMARI ORGANIC
● 编织方法：P40

钩针编织的坎肩

⏱ 3~6 个月

这一款坎肩与上一页的颜色有所不同。
几何条纹搭配色彩丰富的毛线，温暖舒适。

● 设计：前芽由美子
● 毛线：HIDAMARI ORGANIC
● 编织方法：P40

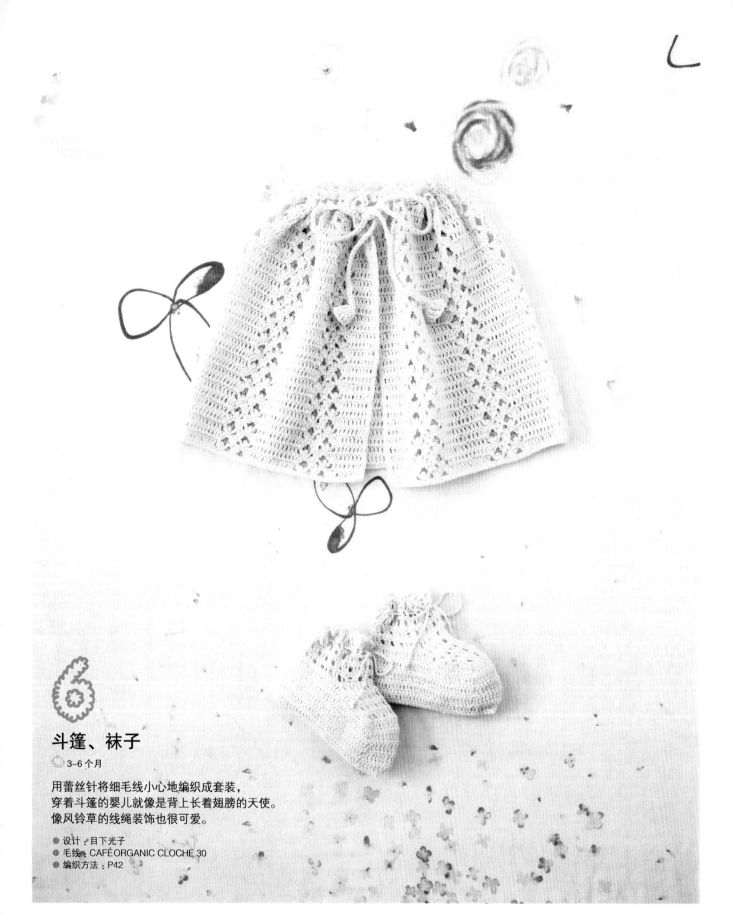

斗篷、袜子

3~6 个月

用蕾丝针将细毛线小心地编织成套装，
穿着斗篷的婴儿就像是背上长着翅膀的天使。
像风铃草的线绳装饰也很可爱。

● 设计：目下光子
● 毛线：CAFÉ ORGANIC CLOCHE 30
● 编织方法：P42

宝宝斗篷

☺ 3-6 个月

领口不做特别的设计，按照普通的编织方法编织，白然折回即可成为衣领。用按扣在胸前把斗篷牢牢地固定住。

● 设计：冈本启子　制作：住友登兴子
● 毛线：HIDAMARI ORGANIC
● 编织方法：P44

宝宝服、无扣短上衣

6~12 个月

露不出来小肚子的娃娃服一直是宝贝最常穿的衣服。
完美呈现设计简单但注重细节的无扣短上衣。

● 设计：新居系乃
● 毛线：HIDAMARI ORGANIC
● 编织方法：P46

10

主题花样拼接而成的襁褓

🕐 3个月~

最喜爱主题花样织成的宝贝装了。
一片一片地慢慢编织的过程，让人十分享受。

● 设计：冈本启子　制作：横田千枝
● 毛线：CAFÉ ORGANIC CLOCHE 20
● 编织方法：P50

11,12

妈妈用的小包和奶瓶套

6~12 个月

方便外出携带的奶瓶套
和同样带有小花主题花样的可爱小包。
安装了拉链的小包，用起来很顺手。

● 设计：新居系乃
● 毛线：CAFÉ ORGANIC CLOCHE 10
● 编织方法：P52

13

钩针编织的背心

6~12 个月

背心采用配色清爽的长针编织和网编织。简单的花样和缘编织的饰边将背心点缀得非常可爱。

● 设计：冈本启子　制作：宫本真由美
● 毛线：HIDAMARI ORGANIC
● 编织方法：P54

玩偶

6~12 个月

有机棉毛线的柔和触感是宝宝们最爱的感觉。
再装饰叮叮当当的响笛和铃铛，
宝宝们更加喜欢。

● 设计：前芽由美子
● 毛线：HIDAMARI ORGANIC
● 编织方法：P56

背心和帽子

🙂 6~12 个月

当宝宝能扶着东西站起来的时候，
宝宝装的种类也要相应增加。
别忘了这也是造型师妈妈大显身手的时
候哦。

● 设计：大村博美
● 毛线：CAFÉ ORGANIC CLOCHE 20
● 编织方法：P58

帽子和袜子

🌣 6~12 个月

帽子顶端只需用细绳紧紧地系上。
袜子的脚背部分用与帽子相同的镂空花
样编织。

● 设计：OKAMARIKO
● 毛线：CAFÉ BABY ORGANIC
● 编织方法：P60

17

背心和裤子

☺ 6~12 个月

小猪徽章，很可爱吧。
与深颜色相比，自然的颜色更适合宝宝。

● 设计：前芽由美子
● 毛线：HIDAMARI ORGANIC
● 编织方法：P62

遇到你之后，妈妈变得更强大了

你能够记住很多新的东西，什么都想挑战。
为了不输给你，妈妈也要开始"充电"了。

20

像风儿一样舞动着手中的针线，已经成了妈妈的兴趣。虽然你还
没有从妈妈的肚子里出来，但是我们已经相伴很长时间了。妈妈
非常期待和宝宝相见。从一开始的生疏和不习惯而不得不向自己
发起挑战，到编织完全变成一种乐趣，并且在不知不觉中就十分
擅长了。是你让妈妈更加强大。从今以后，妈妈为了你要学习更
多的东西。为了能让你吃到可口的美味，妈妈也不得不努力提高
自己的烹饪水平啦。因为你，妈妈的世界变得越来越宽广。

简单的套头衫

☺ 12~24 个月

略带大人服装风格的套头衫。
如果型号织得大点儿，爸爸、妈妈也可以穿。
女婴儿装的肩膀用花朵形状的纽扣装饰。

● 设计：新居系乃
● 毛线：HIDAMARI ORGANIC
● 编织方法：P66

简单的套头衫

☺ 12~24 个月

相同镂空花样的套头衫。
男宝宝的衣服颜色与女宝宝有所不同。
和长袖 T 恤一起穿，宝宝非常帅气。

● 设计：新居系乃
● 毛线：HIDAMARI ORGANIC
● 编织方法：P66

20.21

款式相同的亲子装

🕐 12~24 个月

相同织法的亲子装。
妈妈的花纹点缀色作为宝宝的基本色。
即刻织成一套得意的亲子装。

● 设计：大村博美　制作：松好孝子（HOS 企划）
● 毛线：HIDAMARI ORGANIC
● 编织方法：20=P68，21=P72

22.23

横条纹亲子装

☺ 12~24 个月

这款宝贝装与妈妈的衣服有什么相同之处呢？
答案是，配色和边缘部分的粗绳花样相同。
这款亲子装感觉真的不错哦。

● 设计：水原多佳子　制作：辻仁美（HOS 企划）
● 毛线：CAFÉ BABY ORGANIC
● 编织方法：22=P74，23=P76

24

无袖连衣裙和灯笼裤

12~24 个月

如果心情不佳，不妨穿上粉色系的衣服。这款裙子搭配粉色的灯笼裤，一定会让宝宝的心情欢快起来。
只对女孩子生效的魔法。

● 设计：武田敦子　制作：针生典子
● 毛线：HIDAMARI ORGANIC
● 编织方法：P78

25

无扣短上衣

⏱ 12~24 个月

由细毛线编织成的这件宝贝装，
一定会成为宝贝的最爱。
对于女孩子来说，
褶边和蕾丝也是她们的最爱哦。

● 设计：武田敦子　制作：荒川直子
● 毛线：CAFÉ ORGANIC CLOCHE 20
● 编织方法：P82

背包

⏱ 12~24 个月

粉色背包上面点缀花朵，
蓝色背包上面点缀有木质串珠鼻子的小熊。
背包里放什么宝贝好呢？

● 设计：水原多佳子
● 毛线：HIDAMARI ORGANIC
● 编织方法：P84

28

对襟毛衣和裤子

⏱ 12~24 个月

使用 1 针交叉的粗线编织。
这款对襟毛衣的袖子样式非常可爱。
同样颜色的裤子,
侧面加入粗线使轮廓变得简洁舒适。

● 设计:武田敦子　制作:松尾 SHINOBU
● 毛线:HIDAMARI ORGANIC
● 编织方法:P86

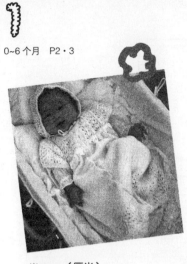

0~6个月　P2・3

❀ 材料

毛线：HIDAMARIGRHANIC<FL> 白色（1）【连衣裙201g，帽子30g，袜子20g】260g / 11卷。

针：棒针4号，钩针4/0号。

其他：直径10mm的纽扣7颗。

❀ 成品尺寸

连衣裙 胸围64.5cm，肩宽22cm，衣长55cm，袖长8.5cm；帽子 脸周长37cm，深12cm；袜子 底长9cm，高8.5cm。

❀ 织片规格

10cm见方上下针编织25针×33行，花样编织24针×33行。

❀ 编织方法

前、后身片 从下摆开始用一般起针法起针，平针编织、花样编织和上下针编织交替编织，一直编织

到胸线。袖窿用伏针一次减1针，剩下的针用2针并1针伏针收针。育克部分重新连线，从伏针收针的另一端钩半针编织。衣领部分从毛线所在右侧开始编织，中间部分用伏针编织，继续编织左肩。

前身片 相同方法起针，左右对称编织两片。

袖子 如图按照相同的方法起针编织。

总结 肩部把表面叠在里边盖针订缝，腋下挑针接缝。衣领和前襟从前后身片开始平针编织，编织完后用伏针收针。袖子用引拔针订缝在前后身片上，袖窿用短针编织一行。花边装饰A改换育克的位置，从伏针收针剩下的针开始编织。

※c=cm（厘米）

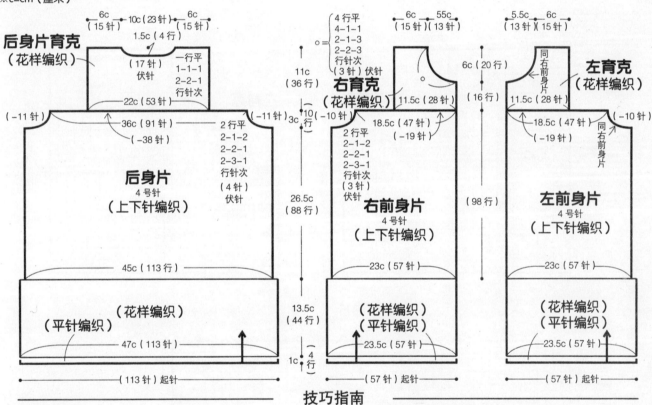

技巧指南

❀ 棒针编织基础

☆一般起针法（P63），另线锁针起针（P65）

☆中上3针并1针・挂针和右上2针并1针・左上2针并1针和挂针（P35）

☆滑针・左上3针并1针（P39），上上交叉・右上交叉（P65）

☆扭针加针（P61），挂针和扭针加针（P65）

☆边端减1针（P78），2针以上的减针（伏针）（P79）

☆花纹毛线的更换方法（P81），衣领的编织方法（P53）

☆伏针收针（P64），引拔针收针（P60），上下针订缝（P61）

☆引拔针订缝・盖针订缝・针和行的订缝・挑针接缝（P88）

☆引拔针接缝袖子

❀ 钩针编织基础

☆锁针・长针・短针・引拔针（P41）

☆变化枣形针（P36），长针5针的爆米花针（P52），中长针3针的枣形针（P56）

☆起针挑针方法（P58），环形起针（P44），短针一圈一圈编织（P45）

☆短针2针并1针（P46），引拔针编织环状饰边（P45）

☆换线编织（P68），编织结束后的处理（P48）

☆卷针订缝（P46），引拔针编接（P50），短针编织的锁针接缝・挑针接缝（P49）

☆订缝纽扣的方法（P57）

33

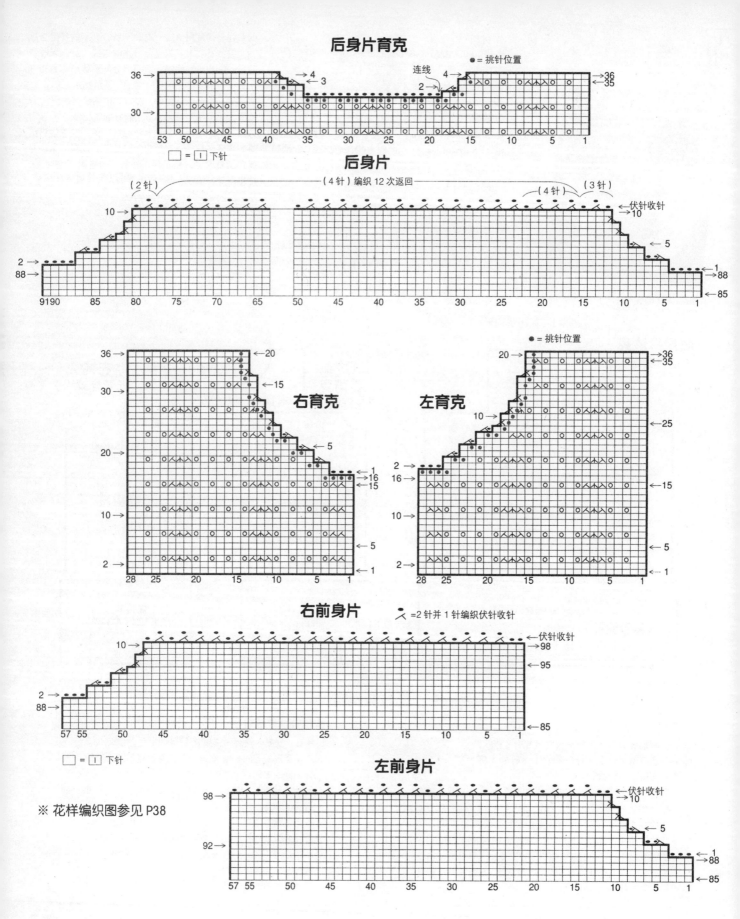

后身片育克

□ = 1 下针

后身片

右育克

左育克

= 挑针位置

= 2针并1针编织伏针收针

右前身片

□ = 1 下针

※ 花样编织图参见 P38

左前身片

34

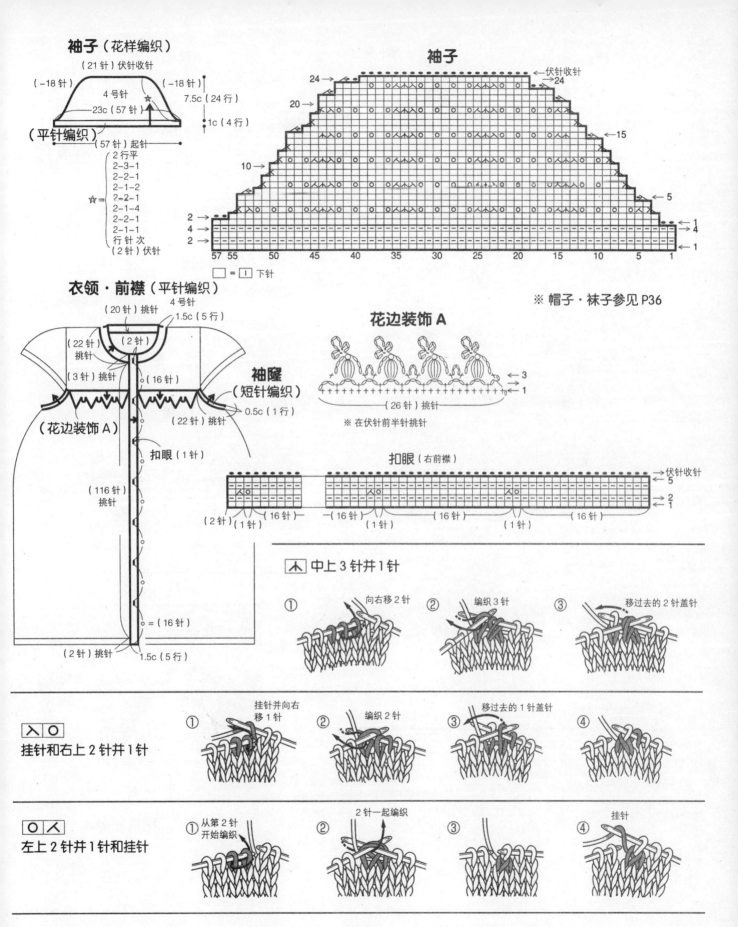

袖子（花样编织）

（21针）伏针收针

（-18针）　4号针　（-18针）

23c（57针）

（平针编织）

（57针）起针

7.5c（24行）

1c（4行）

☆ =
2行平
2-3-1
2-2-1
2-1-2
2-1-1
2-1-4
2-2-1
2-1-1
行　针　次
（2针）伏针

袖子

24 →　伏针收针 ← 24

20 →

← 15

10 →

← 5

2 →　4 →　2 →

← 1　← 4　← 1

57 55　50　45　40　35　30　25　20　15　10　5　1

□ = 1 下针

※ 帽子・袜子参见 P36

衣领・前襟（平针编织）

（20针）挑针　4号针

1.5c（5行）

（2针）

（22针）挑针

（3针）挑针

（16针）

（花边装饰 A）

（22针）挑针

（116针）挑针

扣眼（1针）

● = （16针）

（2针）挑针　1.5c（5行）

袖窿
（短针编织）

0.5c（1行）

花边装饰 A

3 →
1 →

（26针）挑针

※ 在伏针前半针挑针

扣眼（右前襟）

→ 伏针收针　5

→ 2
→ 1

（2针）（1针）（16针）　（16针）（1针）（16针）（1针）（16针）

木 中上3针并1针

① 向右移2针

② 编织3针

③ 移过去的2针盖针

入〇 挂针和右上2针并1针

① 挂针并向右移1针

② 编织2针

③ 移过去的1针盖针

④

〇人 左上2针并1针和挂针

① 从第2针开始编织

② 2针一起编织

③

④ 挂针

帽子　从脸周开始用一般起针针法起针然后平针编织，花样编织，上下针编织，编织18行，编织28针伏针，接着编织中央部分27针上下针编织，左右两端每次减1针编织34行，伏针收针。另一部分的28针连线编织伏针，针和行订缝。脖子周围缘编织3行，线绳另外编织穿入。

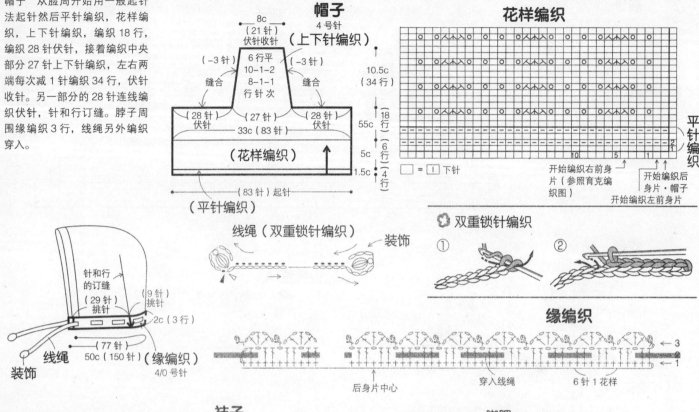

帽子
4号针
（上下针编织）

8c（21针）伏针收针
（-3针）
6行平
10-1-2
8-1-1
行 针 次
（-3针）
缝合　缝合
10.5c（34行）
（28针）伏针　（27针）　（28针）伏针
33c（83针）
55c（18行）
5c（6行）
1.5c（4行）
（花样编织）
（83针）起针
（平针编织）

花样编织

平针编织

□ = ① 下针

开始编织右前身片（参照育克编织图）
开始编织后身片·帽子
开始编织左前身片

☼ 双重锁针编织
① ②

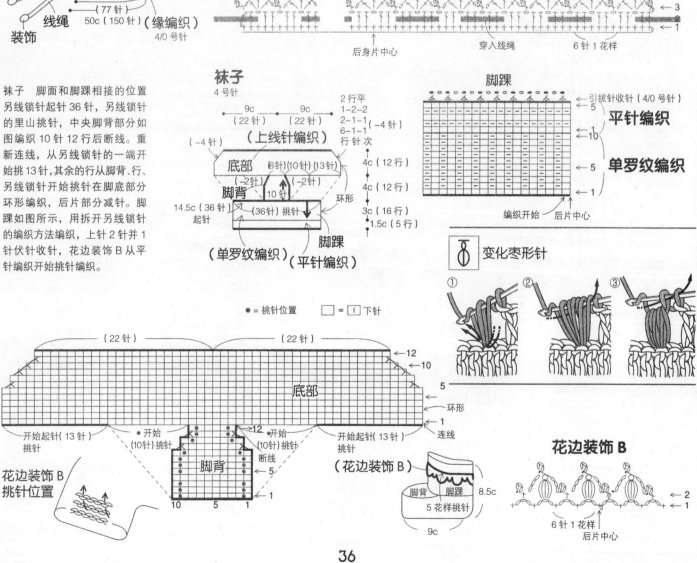

针和行的订缝
（29针）挑针
（9针）挑针
2c（3行）
（77针）
50c（150针）（缘编织）
4/0号针
线绳
装饰

线绳（双重锁针编织）
装饰

缘编织
←3
←1
后身片中心　穿入线绳　6针1花样

袜子　脚面和脚踝相接的位置另线锁针起针36针，另线锁针的里山挑针，中央脚背部分如图编织10针12行后断线。重新连线，从另线锁针的一端开始挑13针，其余的行从脚背、行、另线锁针开始挑针在脚底部分环形编织，后片部分减针。脚踝如图所示，用拆开另线锁针的编织方法编织，上针2针并1针伏针收针，花边装饰B从平针编织开始挑针编织。

袜子
4号针

9c（22针）　9c（22针）
（上线针编织）
2行平
1-2-2
2-1-1（-4针）
6-1-1
行 针 次
（-4针）
底部
（6针）（10针）（13针）
（-2针）（-2针）
脚背
10针
（36针）挑针
4c（12行）
4c（12行）
3c（16行）
1.5c（5行）
环形
14.5c（36针）起针
脚踝
（单罗纹编织）（平针编织）

脚踝
引拔针收针（4/0号针）
←5
平针编织
←10
单罗纹编织
←5
←1
编织开始　后片中心

Ｓ 变化枣形针
① ② ③

● = 挑针位置　□ = ① 下针

（22针）　（22针）
←12
←10
底部
5
环形
←1
连线
开始起针（13针）挑针
●开始（10针）挑针
●12开始（10针）挑针
断线
开始起针（13针）挑针
脚背
←5
10　5　1

花边装饰B
挑针位置

（花边装饰B）

脚背　脚踝
8.5c
5花样挑针
9c

花边装饰B
←2
←1
6针1花样
后片中心

3

0 个月 ~ P5

❀ 材料
毛线：HIDAMARI ORGANIC<FL> 乳白色（2），
30g / 13 卷。
针：棒针 6 号。

❀ 成品尺寸
84.5cm × 84.5cm。

❀ 织片规格
10cm 见方花样编织 28.5 针 × 30.5 行。

❀ 编织方法
用一般起针法起针编织，平针编织 18 行。腋下也
采用平针编织，中央用花样编织代替，在第 1 行指
定位置挂针加针，第 2 行挂针扭针编织。花样编织
230 行后在指定位置 2 针并 1 针减针，然后改为平
针编织 18 行，织完后伏针收针。

总结 如图所示编织 4 个流苏，分别与 4 个角相连
结，用线穿入流苏并系紧。

※ 编织图参见 P38

右上 2 针交叉

※ 作品为右上 3 针交叉

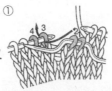 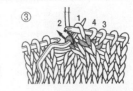

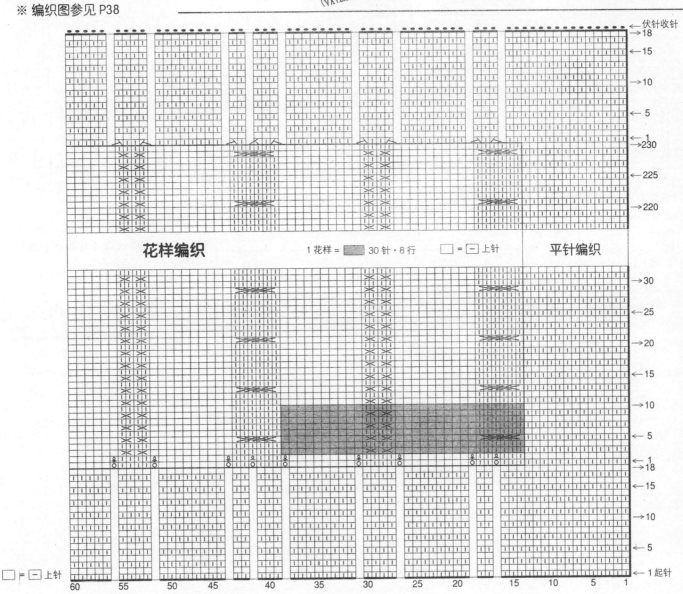

花样编织　　1 花样 = 30 针·8 行　□ = ⊡ 上针　　平针编织

□ = ⊡ 上针

37

2

0-6个月 P4

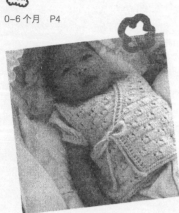

◎ 材料
毛线：CAFÉ BABY ORGANIC<FL> 奶油色（2），
80g / 4 卷。
针：棒针 4、3 号，钩针 4/0 号。

◎ 成品尺寸
胸围 52cm，背肩宽 22cm，长 27cm。

◎ 织片规格
10cm 见方花样编织 22 针 ×34 行。

◎ 编织方法
前、后身片 从下摆开始用一般起针法起针编织，
接着用 3 号针平针编织 4 行。换 4 号针花样编织，

编织 34 行。如图所示，在前襟 4 针的内侧减针编织领口。袖隆开始分右前、后、左前身片，从毛线所在的右前身片首先开始减针编织袖隆。接下来，在指定位置连线，开始编织后身片。左袖隆的减针请参照右前身片的编织方法。然后，左前身片和后身片以相同方法连线编织。

总结 把表面叠在里面引拔针订缝肩部，袖隆挑针编织圆环并编织 4 行平针，伏针收针。线绳如图所示各编织两根，将开始编织和完成编织的两条线卷针订缝。

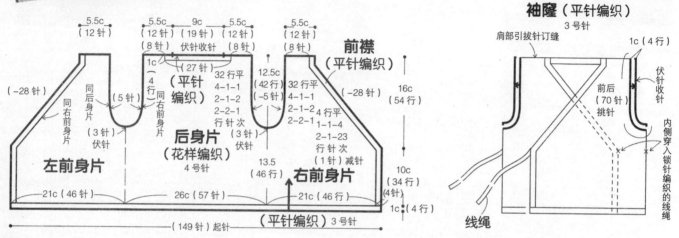

3

上接 P37

流苏的制作方法

厚纸

4.5c

缠绕 40 圈

⟩1c

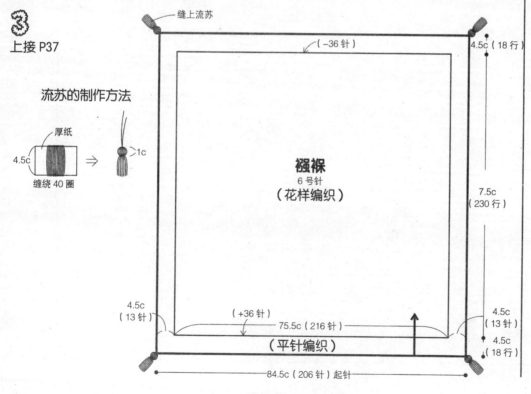

线绳
外线绳（双重锁针编织） 2 根
约 23c 锁（60 针）起针

内线绳（锁针编织） 2 根
约 23c 锁（60 针）起针

※ 双重锁针编织请参照 P36

38

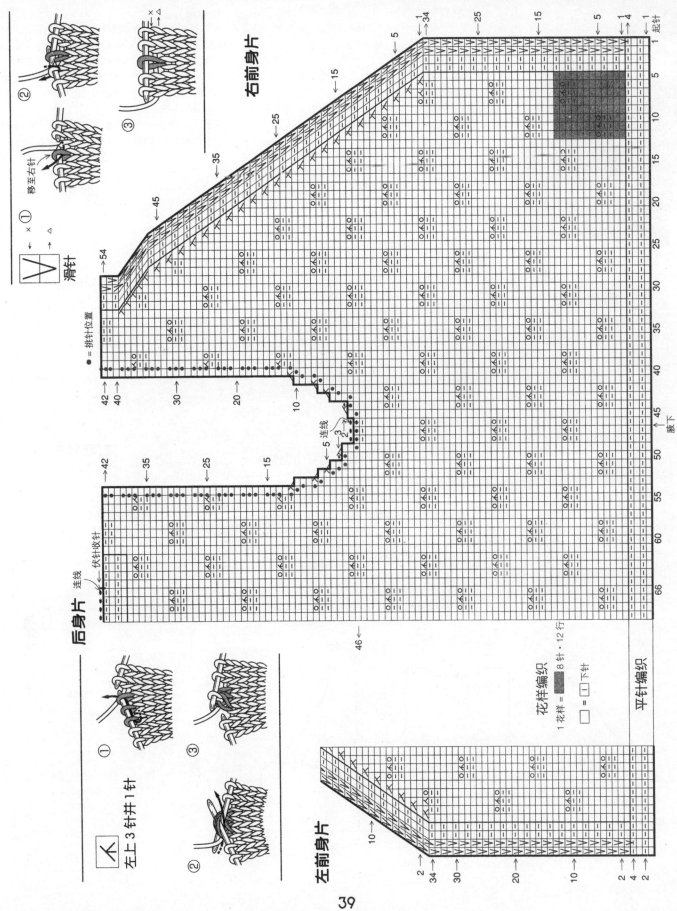

39

4, 5

3~6个月　P6・7

❂ **材料**

毛线：HIDAMARI ORGANIC<FL> 鲜鲑肉色（8）·乳白色（2）各95g／各4卷。

针：钩针5/0号。

其他：直径15mm的纽扣各1颗，直径10mm的尼龙按扣各1组。

❂ **成品尺寸**

胸围56cm，背肩宽21cm，长29.5cm。

❂ **织片规格**

10cm见方花样编织26针×14.5行。

❂ **编织方法**

前、后身片　下摆开始起针编织187针锁针，在锁针里山挑针进行花样编织15行。如图所示减针编织前衣领。从袖隆开始分右前、后、左前身片，从毛线所在的右前身片开始编织。然后在指定位置连线，编织后身片。左袖隆的减针参照右前身片编织。然后编织左前身片。

总结　将肩部的两片对接卷针订缝。下摆、前襟、衣领接着环形缘编织2行。在左前身片做扣眼。袖隆也用环形编织2行，内侧订缝按扣。与前身片重叠，在扣眼位置下方的右前部分订缝纽扣。

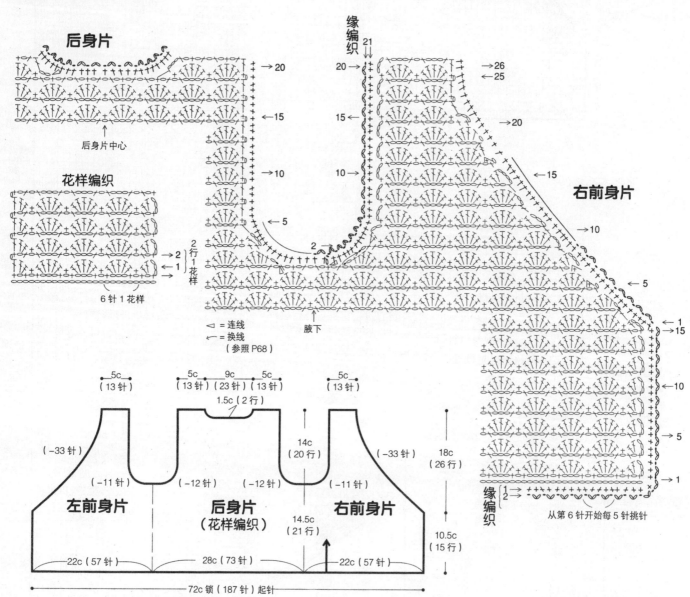

40

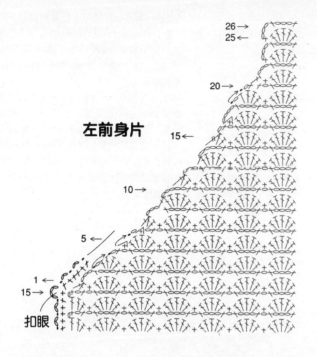

左前身片

26→
25→
20→
15←
10→
5←
1←
15→
扣眼

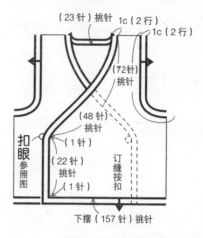

下摆·前襟·衣领·袖隆
（缘编织）

（23针）挑针   1c（2行）
1c（2行）
（72针）挑针
（48针）挑针
（1针）
扣眼参照图
（22针）挑针
（1针）
订缝按扣
下摆（157针）挑针

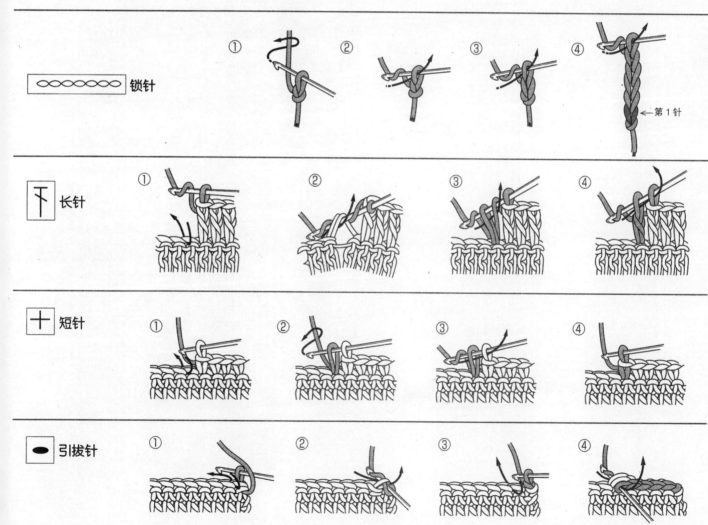

锁针
① ② ③ ④
第1针

长针
① ② ③ ④

短针
① ② ③ ④

引拔针
① ② ③ ④

6

3~6个月　P8

❀ 材料
毛线：CAFÉ ORGANIC CLOCHE 30 乳白色（1）
【斗篷 45g、袜子 15g】60g／3 卷。
针：蕾丝针 0 号。

❀ 成品尺寸
斗篷　长 20.5cm，下摆周长 72cm；袜子　底长
9cm，脚背长 8cm。

❀ 织片规格
10cm 见方花样编织 A31.5 针 ×15 行。

❀ 编织方法
斗篷　下摆锁 224 针起针，锁半针和里山挑针开始
编织，一直编织 18 行。下一行在长针编织的位置
左右交叉减针编织 12 行。在前端指定位置连线编

织短针，第一行开始每 2 针挑针编织，下摆继续【锁
1 针，连线编织 1 针】米编织。另一端继续短针编
织，然后衣领缘编织 3 行。线绳用 73cm 的罗纹软
线制作，在线绳的两端编织装饰物，其中一端穿过
后再编织。

袜子　脚踝锁 48 针起针，将锁针编织成环状，在
开始编织的 1 针处编织引拔针，花样编织 B 每行
边倒手边编织 6 行。脚背每行 17 针来回编织 8 行。
底部、脚背的行和脚踝剩下的针开始挑针环形编织
8 行，第 9 行开始参照前、后中央的图减针。脚踝
在指定位置连线网编织 2 行，穿入锁针编织的线绳，
底部卷针订缝。

斗篷

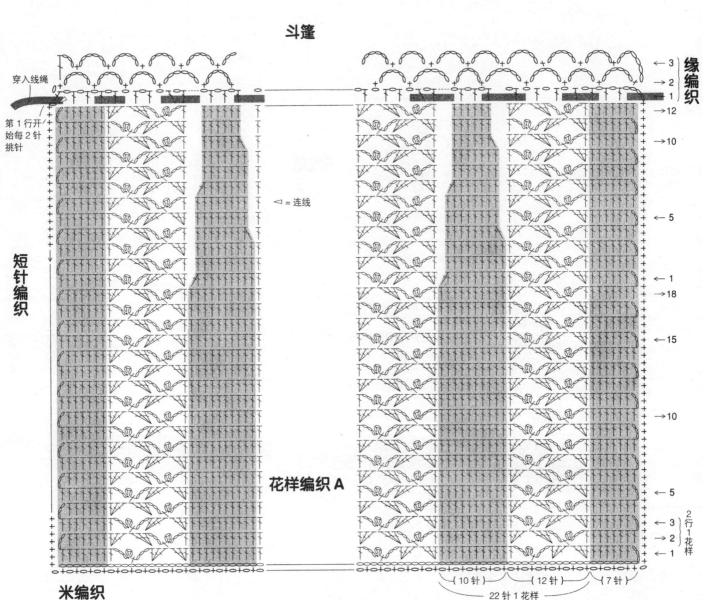

缘编织
→ 3
→ 2
→ 1
→ 12
→ 10
← 5
← 1
→ 18
→ 15
→ 10
← 5
→ 3
→ 2
← 1

穿入线绳

第 1 行开
始每 2 针
挑针

短针编织

◁ = 连线

花样编织 A

米编织

（10 针）（12 针）（7 针）
22 针 1 花样

2 行 1 花样

42

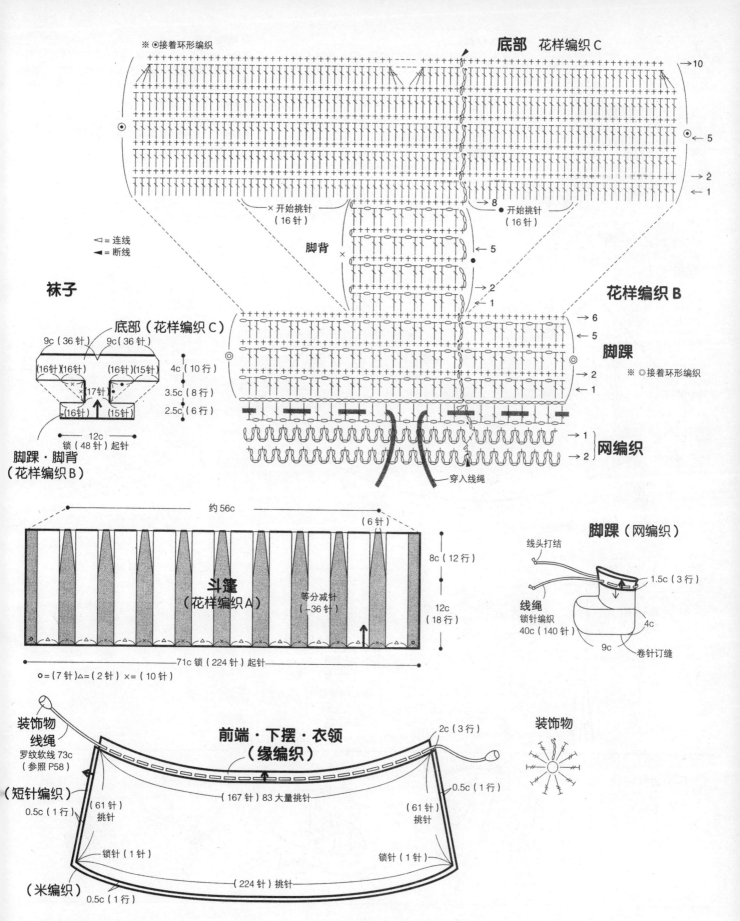

※ ◎接着环形编织

底部 花样编织 C

→10

←5

→2
←1

→8 ●开始挑针
（16针）

×开始挑针
（16针）

脚背

△ = 连线
◀ = 断线

袜子

底部（花样编织 C）

9c（36针）　　9c（36针）

(16针)(16针)　(16针)(15针)

17针

(16针)　(15针)

12c
锁（48针）起针

脚踝·脚背
（花样编织 B）

4c（10行）

3.5c（8行）

2.5c（6行）

花样编织 B

脚踝

→6
←5

→2
←1

※ ◎接着环形编织

→1
→2 网编织

穿入线绳

约56c

（6针）

8c（12行）

斗篷
（花样编织A）

等分减针
（－36针）

12c
（18行）

71c 锁（224针）起针

◦=（7针）△=（2针）×=（10针）

脚踝（网编织）

线头打结

1.5c（3行）

线绳
锁针编织
40c（140针）

4c

9c

卷针订缝

装饰物
线绳
罗纹软线73c
（参照P58）

前端·下摆·衣领
（缘编织）

2c（3行）

装饰物

（短针编织）

0.5c（1行）

（61针）
挑针

（167针）83 大量挑针

（61针）
挑针

0.5c（1行）

锁针（1针）

锁针（1针）

（米编织）

0.5c（1行）

（224针）挑针

7

❂ 材料
毛线：HIDAMARI ORGANIC<FL> 灰色（10）
90g / 3 卷。
针：钩针 4/0 号、3/0 号。
其他：直径 13mm 的按扣 1 组。

❂ 成品尺寸
长 24cm，下摆周长 83cm。

❂ 织片规格
1 花样 3.5cm（开始编织的位置），10cm11 行。

❂ 编织方法
斗篷　领部锁 105 针起针，锁半针和里山挑针编织。
花样编织如图所示分成几等份进行加针编织。缘编织从下摆侧连线，前襟、衣领继续编织 3 行。环形起针编织包扣，扣袢如图所示用锁针编织。

总结　在前襟的特定位置订缝按扣。参照纽扣的位置编织 2 个扣袢，编织 4 个包扣并订缝。

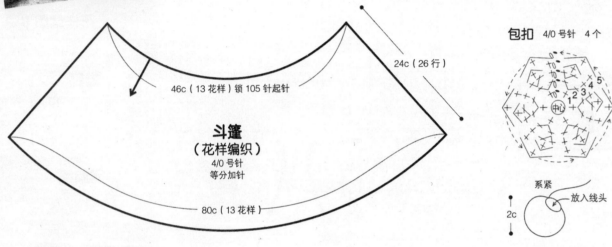

24c（26 行）

46c（13 花样）锁 105 针起针

斗篷
（花样编织）
4/0 号针
等分加针

80c（13 花样）

包扣 4/0 号针　4 个

5 行…（6 针）
4 行…（12 针）
3 行…（18 针）
2 行…（12 针）
1 行…（6 针）

中心

系紧
放入线头
2c

前襟·衣领（缘编织）3/0 号针

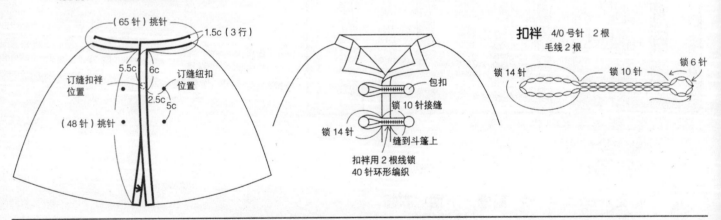

（65 针）挑针
1.5c（3 行）
5.5c　6c
订缝扣袢位置　订缝纽扣位置
2.5c　5c
（48 针）挑针

包扣
锁 10 针接缝
锁 14 针
缝到斗篷上
扣袢用 2 根线锁
40 针环形编织

扣袢 4/0 号针　2 根
毛线 2 根

锁 14 针　锁 10 针　锁 6 针

❂ 环形起针

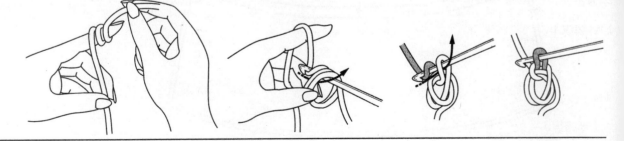

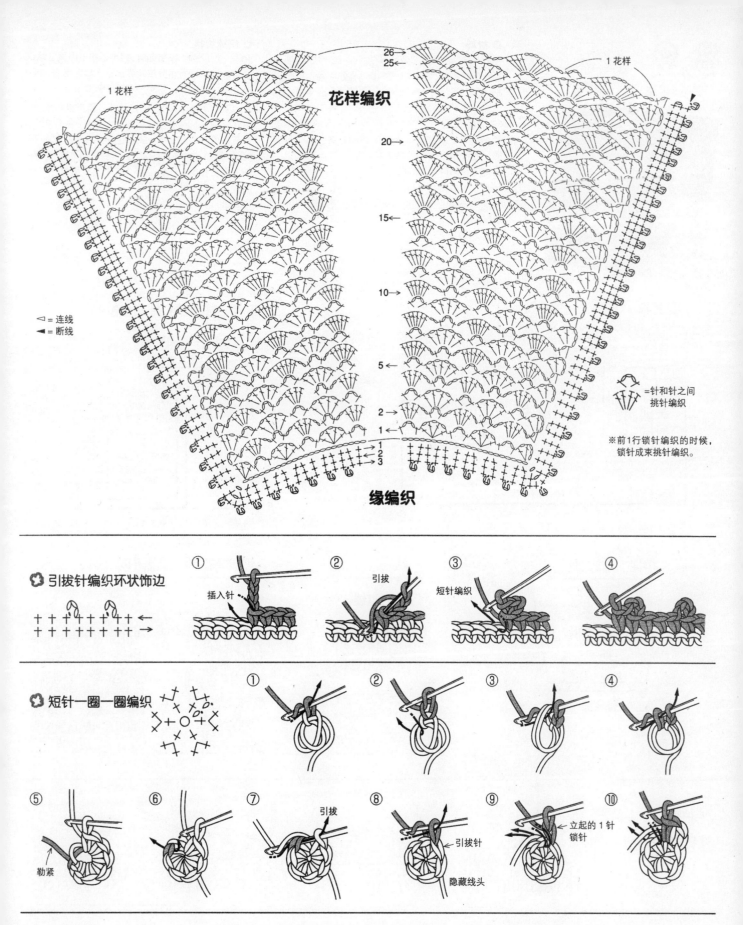

花样编织

1花样

26→
25←

20→

15←

10→

5←

2→
1←

1
2
3

◁ = 连线
◀ = 断线

1花样

=针和针之间
挑针编织

※前1行锁针编织的时候，
锁针成束挑针编织。

缘编织

🌸 引拔针编织环状饰边

插入针

① ② 引拔 ③ 短针编织 ④

🌸 短针一圈一圈编织

① ② ③ ④

⑤ 勒紧 ⑥ ⑦ 引拔 ⑧ 引拔针 隐藏线头 ⑨ 立起的1针锁针 ⑩

45

8, 9

6~12个月　P10、11

⊘ **材料**

毛线：HIDAMARI ORGANIC<FL> 短上衣 8= 乳白色（2）・9= 白色（1）各100g / 各4卷。娃娃服 8= 淡蓝色（6）・9= 粉色（7）各95g / 4卷，8= 乳白色（2）・9= 白色（1）各15g / 各1卷。

针：钩针 5/0 号。

其他：短上衣　直径18mm 的纽扣各1颗，娃娃服　直径13mm 的纽扣7颗。

⊘ **成品尺寸**

短上衣　胸围53.5cm，背肩宽22cm，长25.5cm，袖长19.5cm；娃娃服　胸围52cm，背肩宽21cm，长42cm。

⊘ **织片规格**

10cm 见方花样编织2.25 花样×10行，长针棱纹编织23针×10行。

⊘ **编织方法**

短上衣　下摆开始锁97针起针，锁半针和里山挑针开始编织，袖隆用花样编织12行。然后分身为右前、后、左前身片，从毛线所在的右前身片开始编织。肩部与挨着自己这边的半针对起来卷针订缝，袖下【短针编织1针，锁2针】锁针接缝。下摆、前襟、衣领继续缘编织3行。袖子订缝到片身上，订缝纽扣。

短上衣

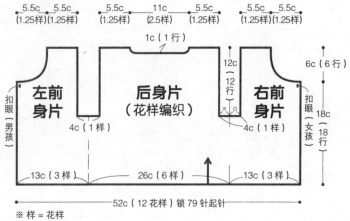

5.5c　5.5c　　5.5c　11c　5.5c　　5.5c　5.5c
(1.25样)(1.25样)　(1.25样)(2.5样)(1.25样)　(1.25样)(1.25样)

1c（1行）

左前身片　　**后身片**（花样编织）　　**右前身片**

12c（12行）

6c（6行）

4c（1样）　　　　　　　4c（1样）

18c（18行）

扣眼（男孩）　　　　　　　　　　　扣眼（女孩）

13c（3样）　　　26c（6样）　　　13c（3样）

52c（12花样）锁79针起针

※ 样 = 花样

24c（5.5样）

2c（2行）

袖子（花样编织）

16c（16行）

（+0.75样）　18c（4花样）　（+0.75样）
锁33针起针

1.5c（3行）

（32针）挑针　　（缘编织）

下摆・前襟・衣领（缘编织）

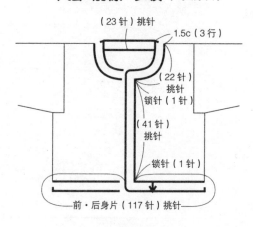

（23针）挑针

1.5c（3行）

（22针）挑针
锁针（1针）

（41针）挑针

锁针（1针）

前・后身片（117针）挑针

※ **娃娃服请参照 P48**

❀ **卷针订缝**

① 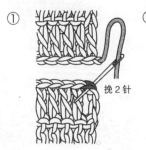　挽2针

②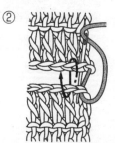

③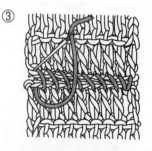

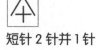
短针2针并1针

①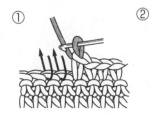

②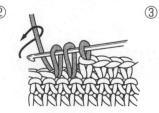

③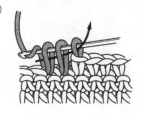

④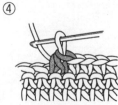

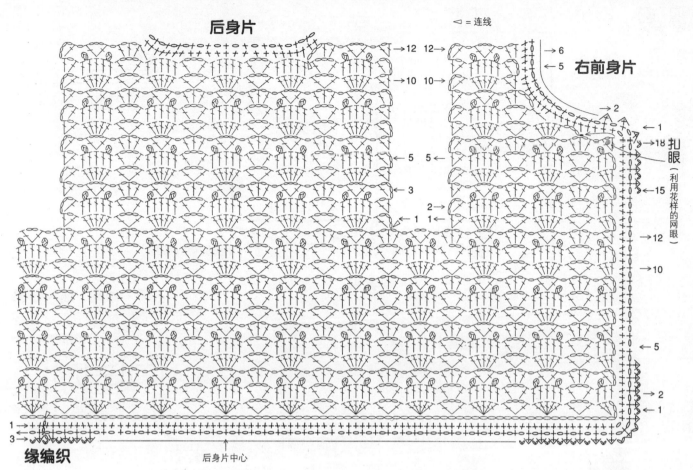

后身片

◁ = 连线

右前身片

扣眼
（利用花样的网眼）

缘编织

后身片中心

左前身片

袖子

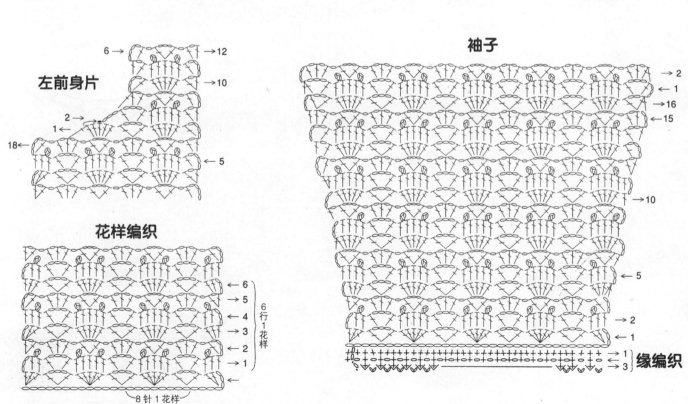

花样编织

6行1花样

8针1花样

缘编织

47

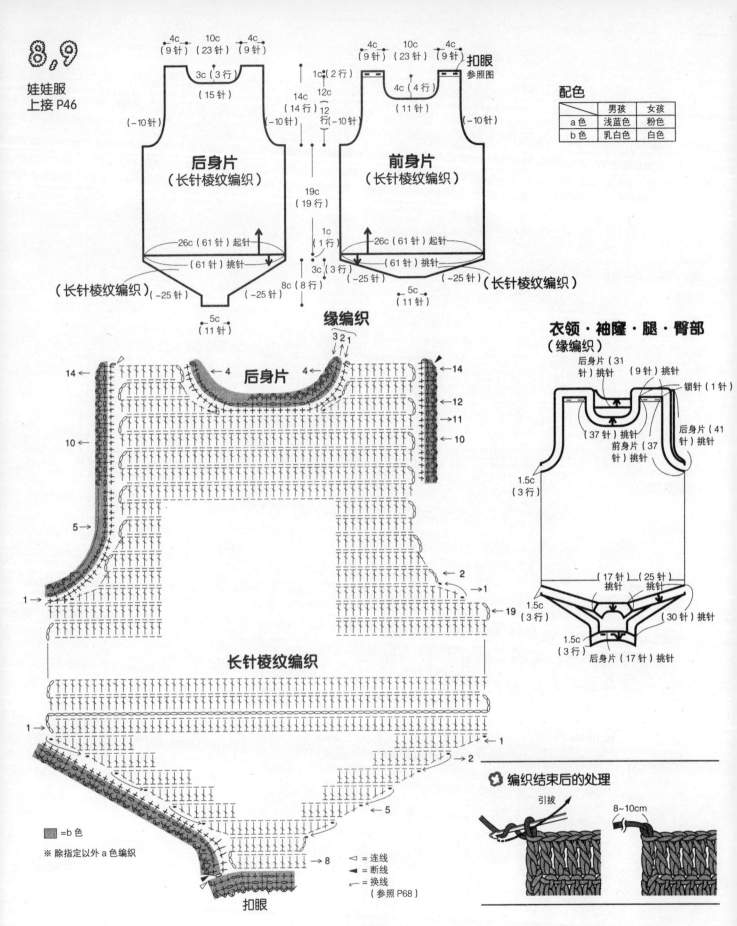

娃娃服
上接 P46

8,9

配色

	男孩	女孩
a 色	浅蓝色	粉色
b 色	乳白色	白色

4c（9针）　10c（23针）　4c（9针）

3c（3行）
（15针）

（−10针）　　　　　（−10针）

后身片
（长针棱纹编织）

14c（14行）

12c（12行）（−10针）

19c（19行）

26c（61针）起针

（61针）挑针

（长针棱纹编织）（−25针）　（−25针）

5c（11针）

4c（9针）　10c（23针）　4c（9针）　扣眼
参照图

1c（2行）

4c（4行）
（11针）

前身片
（长针棱纹编织）

1c（1行）

26c（61针）起针

（61针）挑针

（−25针）　（长针棱纹编织）

3c（3行）（−25针）

8c（8行）

5c（11针）

缘编织
3 2 1

后身片

衣领・袖窿・腿・臀部
（缘编织）

后身片（31针）挑针　　（9针）挑针　锁针（1针）

（37针）挑针
前身片（37针）挑针

后身片（41针）挑针

1.5c（3行）

（17针）挑针　（25针）挑针

1.5c（3行）

（30针）挑针

1.5c（3行）

后身片（17针）挑针

长针棱纹编织

扣眼

■ =b 色
※ 除指定以外 a 色编织

▷ = 连线
◀ = 断线
＝ = 换线
（参照 P68）

编织结束后的处理

引拔

8~10cm

48

娃娃服 在下档交替的位置
锁针起针，锁针的里山挑针
编织长针棱纹编织（长针编
织的时候，挑针的对面一侧
半针编织），腋下连续编织。
袖窿如图所示减针编织。衣
领在毛线所在处先减针编
织，另一边重新起线编织。
锁针对面一侧半针挑针编织
腿部，边换线边减针编织。
总结 腋下把表面叠在里
面，【短针编织1针，锁1针】
锁针接缝。袖窿、肩部、前
衣领继续缘编织3行，后衣
领另行编织。然后，按照臀
部、下档、开档的顺序进行
缘编织。

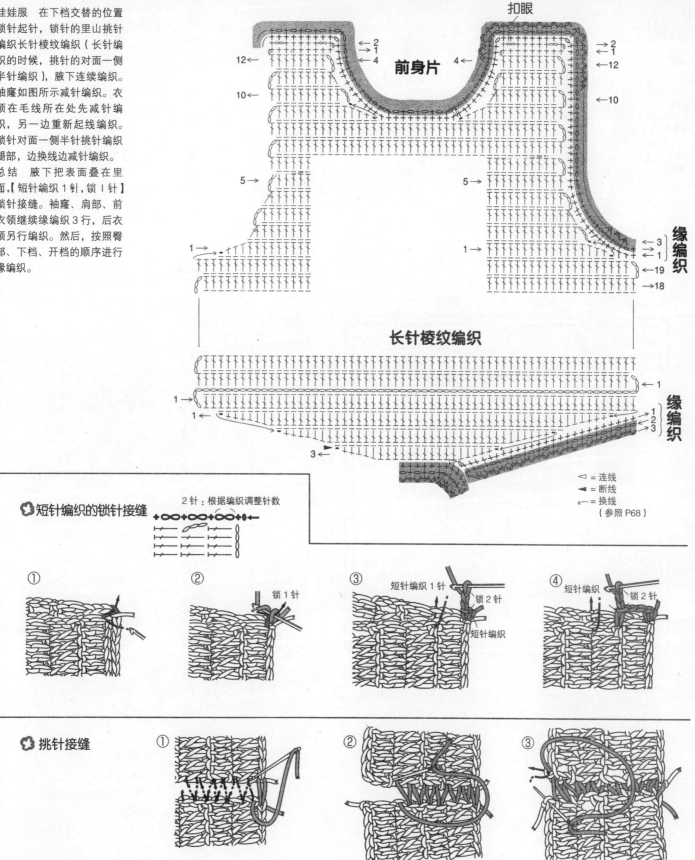

扣眼

前身片

←2
←1
←4
12←
←12
10←
←10

5→
5→

1→
1→
→3
→1
缘编织
←19
→18

长针棱纹编织

←1

1←
1→
1←
→1
2→
3→
缘编织
3←

◁ = 连线
◀ = 断线
←— = 换线
（参照 P68）

🌸 短针编织的锁针接缝

2针：根据编织调整针数

① ② 锁1针 ③ 短针编织1针 锁2针 短针编织 ④ 短针编织 锁2针

🌸 挑针接缝

① ② ③

49

10

3个月~ P12

❀ 材料

毛线：CAFÉ ORGANIC CLOCHE 20 乳白色（1）
185g / 10 卷，浅驼色（2）120g / 6 卷，浅茶色（3）
55g / 3 卷。
针：钩针 3/0 号。

❀ 成品尺寸

78cm×78cm。

❀ 织片规格

主题花样 7.5cm×7.5cm。

❀ 编织方法

主题花样用乳白色线环形起针，第 1 行锁 3 针立起
【长针 5 针的爆米花针，锁 4 针】往返编织 4 次，
在第 1 针编织引拔针时应抽出浅茶色的毛线，乳白

色的毛线放着不动。第 2 行浅茶色的毛线锁 1 针立
起，如图所示编织短针、中长针、长针。在第 1 针
编织引拔针时应抽出乳白色的毛线，浅茶色的毛线
留出 5cm 左右断线。第 3 行抽出乳白色的毛线编织
1 周。在第 1 针编织引拔针时应抽出浅驼色的毛
线，乳白色的毛线放着不动。第 4 行编织浅驼色的
毛线。在第 1 针编织引拔针时应抽出乳白的毛线，
浅驼色的毛线留出 5cm 左右断线。第 5 行乳白色
的毛线网编织。从第 2 片开始以相同的方法编织 4
行，从第 5 行开始在旁边的主题花样上编织引拔针
将两片相连。

总结 周围缘编织 3 行。

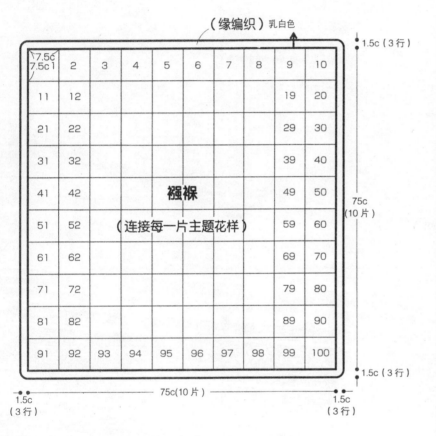

（缘编织）乳白色

1.5c（3行）

7.5c 7.5c 1	2	3	4	5	6	7	8	9	10
11	12							19	20
21	22							29	30
31	32							39	40
41	42	**褯褓**						49	50
51	52	（连接每一片主题花样）						59	60
61	62							69	70
71	72							79	80
81	82							89	90
91	92	93	94	95	96	97	98	99	100

75c (10 片)

1.5c (3 行)

75c(10 片)

1.5c（3行）

1.5c（3行）

❀ 引拔针编接

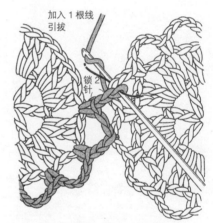

加入 1 根线
引拔

锁 2 针

①锁针网编织 5 针，在第 3 针连接。

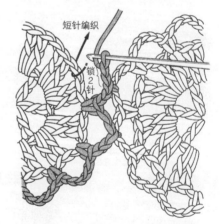

短针编织

锁 2 针

②锁针编织 2 针，旁边的主题花样的环形
插入针引拔，锁针编织 2 针。

50

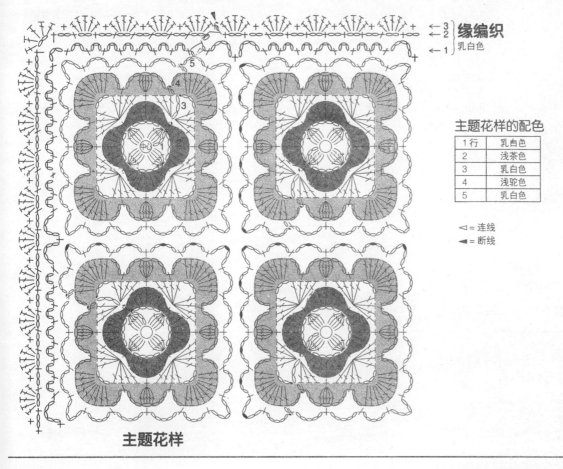

缘编织
乳白色

主题花样的配色

1行	乳白色
2	浅茶色
3	乳白色
4	浅驼色
5	乳白色

◁ = 连线
◀ = 断线

主题花样

10 上接 P52

小包
侧面

(4行) 2.5c （B）
(3行) 2.5c （花样编织 A）
(7行) 6.5c （长针编织）

11.5c
(14行)

33.5c（72针）挑针

1.5c（4行）

底部
（短针编织）

14c 锁（32针）起针

花样编织 B
乳白色 ←14 ←13

←11

花样编织 A
乳白色 ←8

侧面

长针编织 ←5

←2

※ 除指定以外用浅驼色编织

底部 短针编织

1→

拉链的订缝方法

① 错开 向外折

② （正面）
最后一行一半的位置订缝

③ 缲缝
（里面）
锯齿形针迹

④ 穿入挂件
（参照 P52）

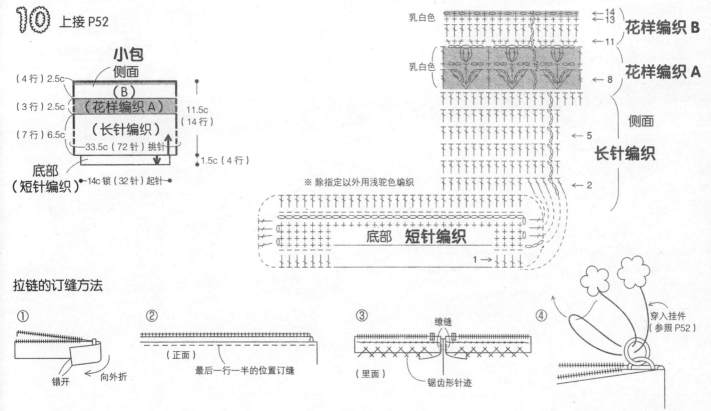

51

11,12

6~12个月 P13

❀ 材料
毛线：CAFÉ ORGANIC CLOCHE 10 浅驼色
（2）11=20g / 1卷・12=25g / 2卷，乳白色（1）
11・12= 各10g / 各1卷。
针：钩针 5/0 号。
其他：16cm 长乳白色拉链 1 根。

❀ 成品尺寸
小包 底部 1.5×14cm，宽约 16.5cm，深 11.5cm；
奶瓶套 底部直径 6cm，宽约 9.5cm，深 17cm。

❀ 织片规格
10cm 见方长针编织 21.5 针 ×10.5 行。

❀ 编织方法
小包 底部锁 32 针起针，在锁针里山挑针编织 4 行。从底部周围挑针编织侧面。从起针的锁针开始向对面一侧半针挑针编织。编织结束后装订拉链，穿入挂件。
奶瓶套 底部开始环形起针，第一行锁 3 针立起，长针编织 13 针，然后编织引拔针。第 2、3 行依次增加 14 针。在方眼编织的第 2 行加针。制作线绳，在指定位置穿入。

奶瓶套
侧面

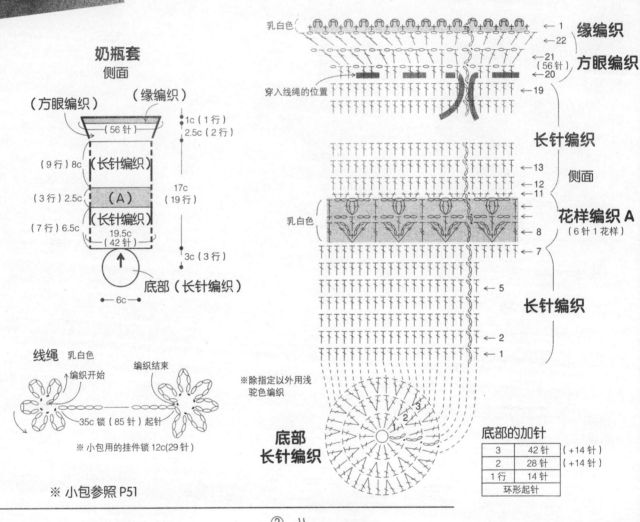

（方眼编织）　（缘编织）

（56针）
（长针编织）（9行）8c
（A）（3行）2.5c
（长针编织）（7行）6.5c
19.5c（42针）

1c（1行）
2.5c（2行）
17c（19行）
3c（3行）

底部（长针编织）
6c

乳白色
穿入线绳的位置

缘编织 ←1 ←22
方眼编织 ←21（56针）←20
长针编织 侧面 ←13 ←12 ←11
花样编织 A（6针1花样）乳白色 ←8
长针编织 ←7 ←5 ←2 ←1

※除指定以外用浅驼色编织

线绳 乳白色

编织开始　编织结束
35c 锁（85针）起针
※小包用的挂件锁 12c(29针)

底部 长针编织

3　　　2　　　1

底部的加针
3	42针	（+14针）
2	28针	（+14针）
1 行	14针	
环形起针		

※ 小包参照 P51

长针 5 针的爆米花针

① 相同的针长针编织 5 针，退出针后立即插入。
立起的 3 针
起针
基础针

② 绕线后引拔，锁针编织引拔针收针。

✿ 衣领的编织方法

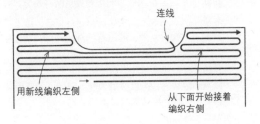

连线

用新线编织左侧

从下面开始接着
编织右侧

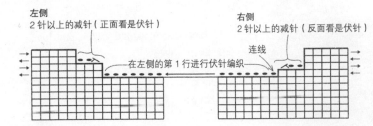

左侧
2针以上的减针（正面看是伏针）

右侧
2针以上的减针（反面看是伏针）

在左侧的第1行进行伏针编织

连线

右侧的编织方法

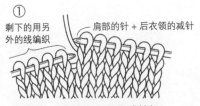

① 剩下的用另外的线编织 | 肩部的针＋后衣领的减针

第1行。编织肩部和衣领减针部分的针数，剩下的用另外的线留针。

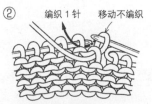

② 编织1针　移动不编织

第2行。交替织块，一端的针不编织移向右针，第2针上针编织。

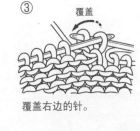

③ 覆盖

覆盖右边的针。

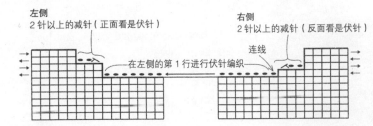

④ 编织1针

伏针1针完成。第2针上针编织。

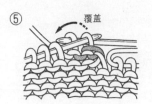

⑤ 覆盖

和③相同覆盖住一端的针，第2针完成。

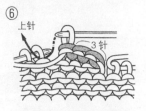

⑥ 上针　　3针

第一次伏针编织完成。第2针开始上针编织。

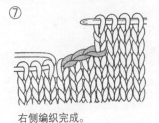

⑦

右侧编织完成。

左侧的编织方法

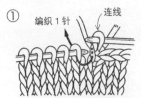

① 编织1针　连线

中央的针。将针移到事先留针的位置，在右侧的第1针处连线。

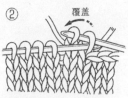

② 覆盖

第2针开始伏针编织。

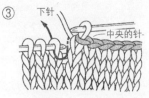

③ 下针　中央的针

第1行。中央的针全部伏针编织，左侧的第1行普通编织。

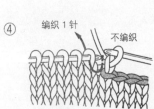

④ 编织1针　不编织

第3行。第2行内侧看是普通编织，第3行的一端不编织移向右针。

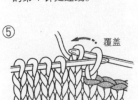

⑤ 覆盖

接下来编织的针覆盖住一端，伏针编织。

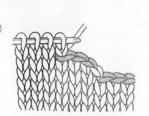

⑥ 第一次

同⑤的方法，第一次伏针编织。

⑦

最后1行不增减针编织。

13

6~12个月　P14

☀ **材料**
毛线：HIDAMARI ORGANIC<FL> 乳白色（2）
35g／2卷，鲜鲑肉色（8）45g／2卷。
针：钩针5/0号。

☀ **成品尺寸**
胸围61.5cm，背肩宽22cm，长27cm。

☀ **织片规格**
10cm见方花样编织21.5针×13.5行。

☀ **编织方法**
后身片　乳白色毛线锁65针起针，锁半针和里山

挑针编织。花样编织每3行一个条纹，各配色毛线交替换线编织，不需断线。

前身片　以与后身片相同的方法起针，左右对称编织两片。

总结　肩部把表面叠在里面引拔针订缝。腋下挑针接缝。下摆与左前、后、右前身片相接，继续编织7行网编织。第7行锁3针加入引拔针。前襟、衣领从下摆开始继续短针编织2行后断线，第3行开始重新起线，加入锁3针引拔针编织。袖窿缘编织成环形，每行交替编织共编织3行。

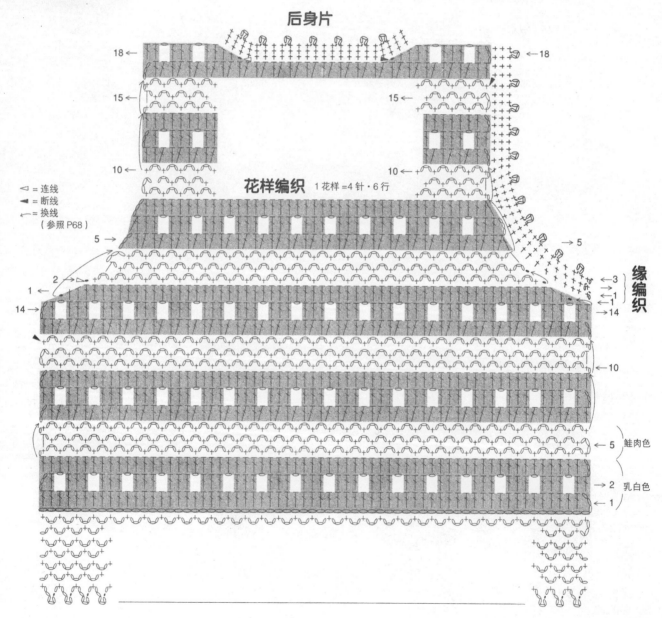

后身片

花样编织　1花样＝4针·6行

◁ = 连线
◀ = 断线
←= 换线
（参照P68）

缘编织

鲑肉色

乳白色

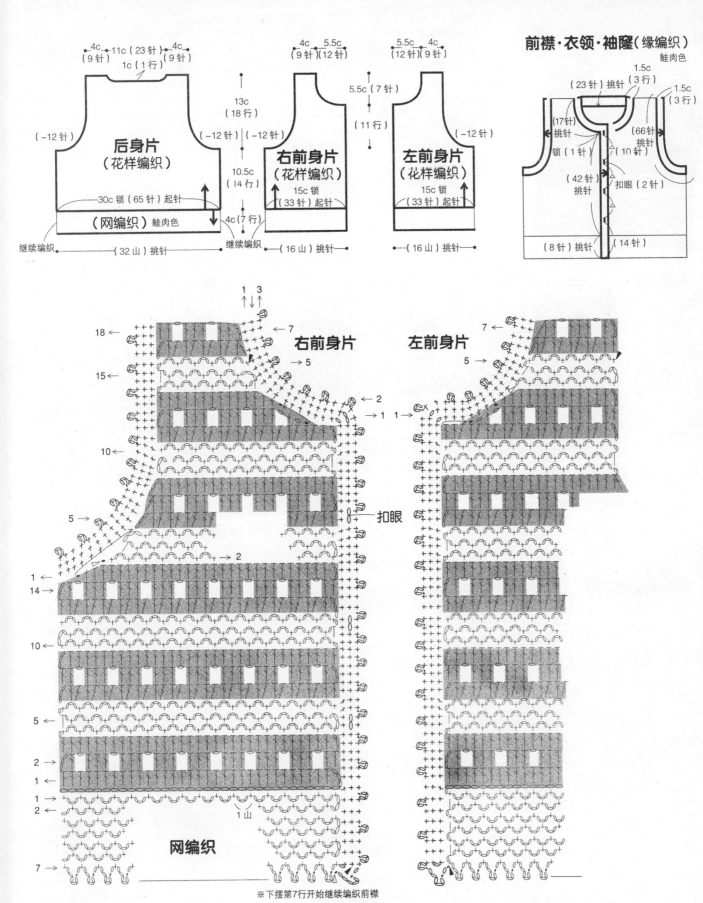

前襟・衣领・袖窿（缘编织）
鲑肉色

后身片
（花样编织）

右前身片
（花样编织）

左前身片
（花样编织）

右前身片

左前身片

网编织

扣眼

※下摆第7行开始继续编织前襟

14

6~12个月 P15

☘ **材料**

毛线：HIDAMARI ORGANIC<FL> 小熊＝浅蓝色（6）15g、黄色（3）·灰色（10）各少量／各1卷，兔子＝粉色（7）15g、白色（1）·灰色（10）各少量／各1卷。

针：钩针4/0号。

其他：填充棉 小熊、兔子各3~4克。

☘ **成品尺寸**

小熊＝身长约13.5cm，兔子＝身长约15.5cm。

☘ **织片规格**

10cm见方花样编织21.5针×13.5行。

☘ **编织方法**

小熊、兔子 在脸部中心环形起针编织，第1行锁1针立起短针编织8针，在第1针处编织引拔针。同样立起，加针减针交替编织16针。身体、手、脚、耳朵用同样的方式起针，可按照图示编织。

总结 脸、身体放入填充棉，编织结束后将最后1针扎结。手、脚用相同方法编织，固定在身体的指定位置。在脸上缝上耳朵和小熊的帽子，兔子如图所示还要绑上丝带。眼睛用毛线打结，嘴用灰色毛线缝缀。

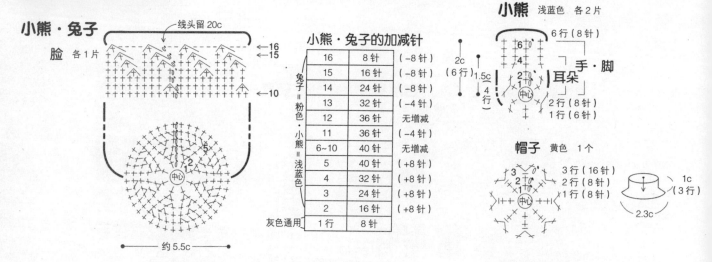

小熊·兔子

脸 各1片

线头留20c

←16
←15
←10

5
中心

约5.5c

小熊·兔子的加减针

行	针数	增减
16	8针	（-8针）
15	16针	（-8针）
14	24针	（-8针）
13	32针	（-4针）
12	36针	无增减
11	36针	（-4针）
6~10	40针	无增减
5	40针	（+8针）
4	32针	（+8针）
3	24针	（+8针）
2	16针	（+8针）
1 行	8针	

兔子＝粉色·小熊＝浅蓝色

灰色通用

小熊 浅蓝色 各2片

6行（8针）

手·脚

耳朵

2c（6行）
1.5c（4行）

2行（8针）
1行（6针）

中心

帽子 黄色 1个

3行（16针）
2行（8针）
1行（8针）

中心

1c（3行）
2.3c

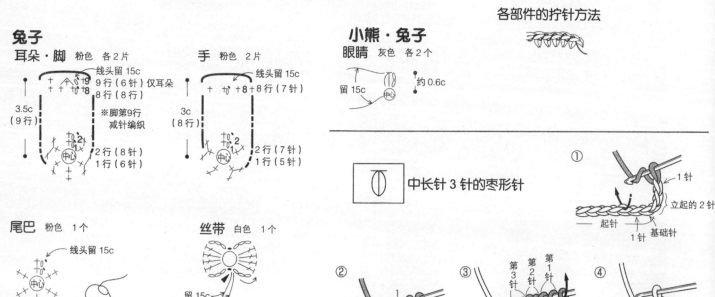

兔子

耳朵·脚 粉色 各2片

线头留15c

9行（6针）仅耳朵
8行（8行）

3.5c（9行）

※脚第9行减针编织

2行（8针）
1行（6针）

中心

手 粉色 2片

线头留15c

8行（7针）

3c（8行）

2行（7针）
1行（5针）

中心

小熊·兔子

眼睛 灰色 各2个

留15c

约0.6c

中心

各部件的拧针方法

尾巴 粉色 1个

线头留15c

中心

内侧向外翻拧

丝带 白色 1个

留15c

◄ ＝编织结束

中长针3针的枣形针

① 立起的2针
1针
起针
1针 基础针

②

③ 第3针 第2针 第1针

④

小熊 身体

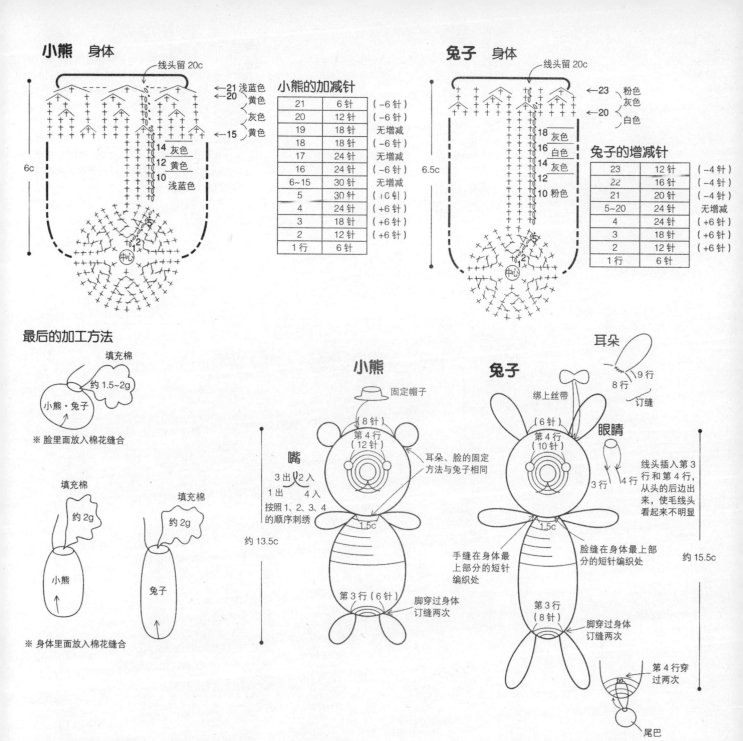

线头留 20c

←21 浅蓝色
←20 黄色
灰色
←15 黄色
14 灰色
12 黄色
10 浅蓝色

6c

小熊的加减针

21	6 针	(-6 针)
20	12 针	(-6 针)
19	18 针	无增减
18	18 针	(-6 针)
17	24 针	无增减
16	24 针	(-6 针)
6~15	30 针	无增减
5	30 针	(+6 针)
4	24 针	(+6 针)
3	18 针	(+6 针)
2	12 针	(+6 针)
1 行	6 针	

兔子 身体

线头留 20c

←23 粉色
灰色
←20 白色

18 灰色
16 白色
14 灰色
12
10 粉色

6.5c

兔子的增减针

23	12 针	(-4 针)
22	16 针	(-4 针)
21	20 针	(-4 针)
5~20	24 针	无增减
4	24 针	(+6 针)
3	18 针	(+6 针)
2	12 针	(+6 针)
1 行	6 针	

最后的加工方法

填充棉
约 1.5~2g

小熊·兔子

※ 脸里面放入棉花缝合

填充棉
约 2g

小熊

填充棉
约 2g

兔子

※ 身体里面放入棉花缝合

小熊

嘴
3 出 2 入
1 出   4 入
4 入
按照 1、2、3、4
的顺序刺绣

约 13.5c

固定帽子
(8 针)
第 4 行
(12 针)

耳朵、脸的固定
方法与兔子相同

1.5c

第 3 行 (6 针)
脚穿过身体
订缝两次

兔子

耳朵
9 行
8 行
订缝

绑上丝带
(6 针)
第 4 行
(10 针)

眼睛

3 行   4 行

线头插入第 3
行和第 4 行,
从头的后边出
来,使毛线头
看起来不明显

手缝在身体最
上部分的短针
编织处

脸缝在身体最上
部分的短针编织处

1.5c

第 3 行 (8 针)
脚穿过身体
订缝两次

第 4 行穿
过两次

尾巴

约 15.5c

✿ 订缝纽扣的方法

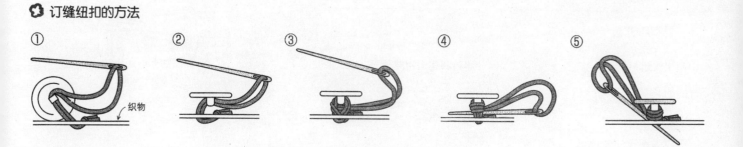

① ② ③ ④ ⑤

织物

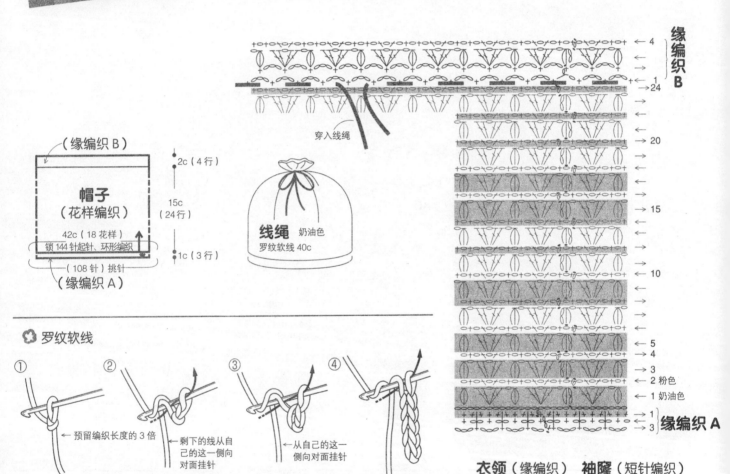

15

6~12个月　P16

材料

毛线：CAFÉ ORGANIC CLOCHE 20 奶油色（5）
【背心 60g、帽子 20g】80g / 4 卷，粉色（7）【背心 35g、帽子 30g】65g / 4 卷。

针：钩针 2/0 号。

其他：直径 13mm 的纽扣 2 颗。

成品尺寸

背心　胸围 56cm，背肩宽 23cm，长 28cm ；

帽子　头周长 42cm，深 16cm。

织片规格

10cm 见方花样编织 4.25 花样 ×16.5 行。

编织方法

背心　从下摆开始用奶油色毛线锁针编织起针，锁针的里山挑针编织。花样编织是把奶油色和粉色毛线编织成条纹状，线头按照不同的颜色替换。左肩把表面叠在里面，【引拔针 1 针，锁 1 针】锁针订缝，腋下挑针接缝。衣领、下摆缘编织 A，袖窿短针编织结束。

帽子　从帽口开始用奶油色毛线锁针 144 针环形起针，奶油色和粉色花样环形编织 24 行。用粉色毛线继续编织 4 行缘编织 B，帽口如图所示进行缘编织 A。线绳用罗纹软线编织 40cm，在指定位置穿入系紧。

（缘编织 B）

帽子（花样编织）

2c（4 行）
15c（24 行）
1c（3 行）

42c（18 花样）
锁 144 针起针、环形编织
（108 针）挑针

（缘编织 A）

穿入线绳

线绳 奶油色
罗纹软线 40c

缘编织 B　← 4　→　→ 1 →24

→ 20

→ 15

→ 10

→ 5
→ 4
→ 3
← 2 粉色
← 1 奶油色

← 1 →
← 3 缘编织 A

罗纹软线

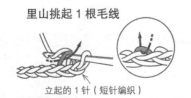

① ← 预留编织长度的 3 倍
② 剩下的线从自己的这一侧向对面挂针
③ ← 从自己的这一侧向对面挂针
④

起针挑针方法

里山挑起 1 根毛线

立起的 1 针（短针编织）

半针和里山挑起

立起的 1 针（短针编织）

衣领（缘编织）　袖窿（短针编织）

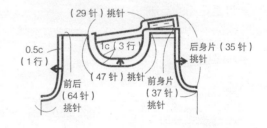

（29 针）挑针
0.5c（1 行）
1c（3 行）
前后（64 针）挑针
（47 针）挑针
后身片（35 针）挑针
前身片（37 针）挑针

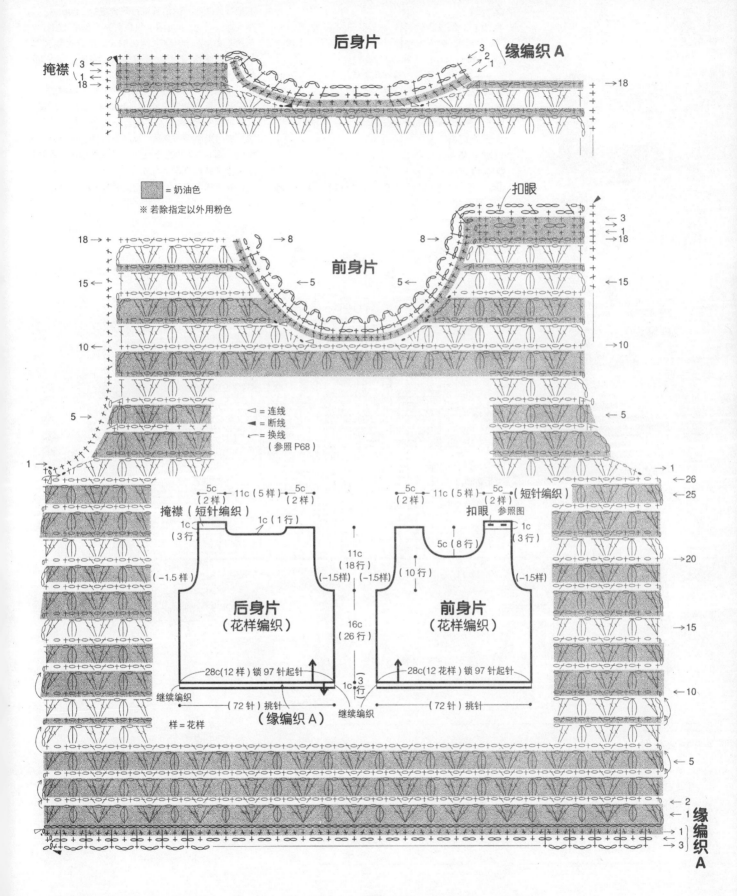

后身片

缘编织 A

掩襟 { 3 1 18 }

扣眼

□ = 奶油色

※ 若除指定以外用粉色

18→ →8

前身片

8→

15← ←5 5← ←15

→10

◁ = 连线
◀ = 断线
← = 换线
（参照 P68）

5→ ←5

1→ ←1

←26

5c（2样） 11c（5样） 5c（2样） 5c（2样） 11c（5样） 5c（2样）（短针编织） ←25

掩襟（短针编织） 扣眼 参照图

1c（3行） 1c（1行） 5c（8行） 1c（3行）

11c（18行）（-1.5样）（-1.5样） 11c（10行）（-1.5样）

→20

后身片（花样编织） 前身片（花样编织）

16c（26行）

→15

28c（12样）锁 97 针起针 1c（3行） 28c（12花样）锁 97 针起针

继续编织 继续编织

（72针）挑针 （72针）挑针

（缘编织 A）

样 = 花样

←10

←5

→2
←1

1→
→3

缘编织A

59

16

❂ 材料

毛线：CAFÉ BABY ORGANIC<FL> 浅棕色（4）【帽子35g、袜子15g】／2卷，乳白色（1）【帽子10g、袜子15g】／1卷。

针：棒针5号、2号，钩针5/0号。

❂ 成品尺寸

帽子 头周长52cm，深16.5cm；

袜子 底长10cm，脚背长8cm。

❂ 织片规格

10cm见方花样编织21.5针×31行。

❂ 编织方法

帽子 在单罗纹编织的转换位置另线锁针起针，编织成环形后进行花样编织，织30行不加减针。接

下来在如图所示的位置进行等分减针，编织42行，线头处留出20cm断线。将线头穿入金尾针的针鼻，在剩下的33针中穿入两次系紧。拆开另线锁针，移向棒针编织10行单罗纹编织，编织结束后进行缘编织收针。

袜子 指尖开始另线锁针起针14针，编织成环形后在两个腋窝处每2行加4针编织26针，脚背加入花样编织24行。脚后跟反复进行加针和减针编织。脚后跟编织结束后，从脚背的留针处挑针环形编织。袜口用乳白色毛线进行单罗纹编织，用浅棕色进行缘编织每3针引拔针收针，锁3针引拔针编织环状饰边。脚后跟部分外侧卷针订缝，脚尖部分拆开另线锁针上下针订缝。

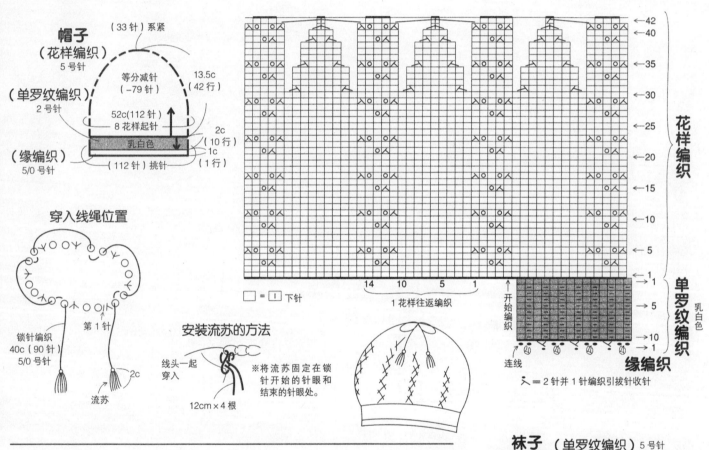

帽子
（花样编织）5号针

（33针）系紧

等分减针（-79针）

13.5c（42行）

（单罗纹编织）2号针

52c（112针）8花样起针

乳白色 2c（10行）

（缘编织）5/0号针 1c（1行）

（112针）挑针

穿入线绳位置

第1针

锁针编织40c（90针）5/0号针

2c

流苏

安装流苏的方法

线头一起穿入

※将流苏固定在锁针开始的针眼和结束的针眼处。

12cm×4根

□ = Ι 下针

14　10　　5　　1

1花样往返编织

开始编织

花样编织

单罗纹编织

乳白色

缘编织

连线

⋏ =2针并1针编织引拔针收针

❂ 引拔针收针

① ② ③ ④

袜子（单罗纹编织）5号针
（花样编织）5号针

乳白色

（缘编织）5/0号针

1c（1行）

12c（26针）

2.5c（8行）

上下针订缝

4.5c（15行）

10c（31行）

卷针订缝

※除指定以外用浅棕色编织

60

缘编织

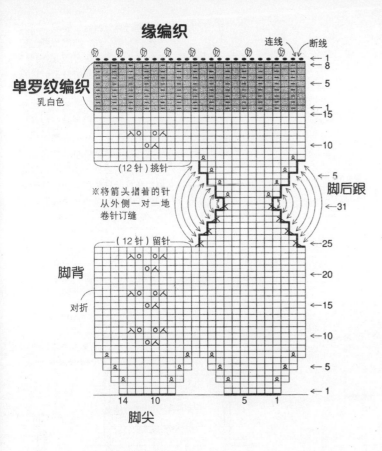

单罗纹编织
乳白色

※将箭头揩着的针从外侧一对一地卷针订缝

（12针）挑针

脚后跟

（12针）留针

脚背

对折

脚尖

14　10　5　1

→1
→8
←5
←1
←15
←10
←5
←31
←25
←20
←15
←10
←5
←1

连线　断线

❀ 环形编织情况

① 起针分为3根针

准备4根棒针。起针分为3根针围成环形，用第4根针进行编织。

②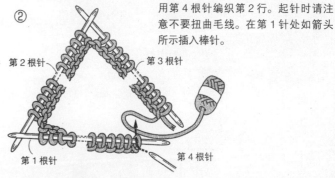
第2根针　第3根针
第1根针　第4根针

用第4根针编织第2行。起针时请注意不要扭曲毛线。在第1针处如箭头所示插入棒针。

③

继续编织。当第1根针上的毛线编织完毕后，将第1根针抽出来用来编织第2根针上的毛线。如此方法编织第3根针、第4根针等。

❀ 扭针加针

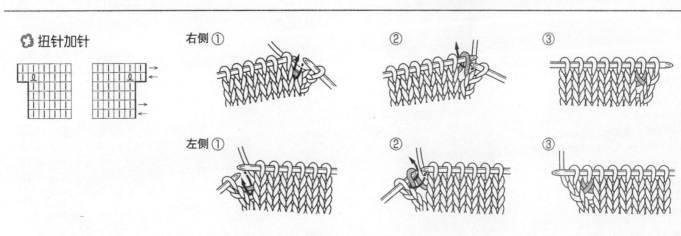

右侧①　②　③

左侧①　②　③

❀ 上下针订缝

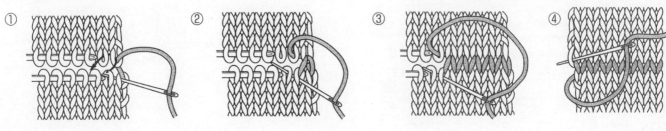

①　②　③　④

17

6~12个月　P18・19

☘ 材料
毛线：HIDAMARI ORGANIC<FL> 灰色（10）【背心 80g，裤子 100g】180g / 8 卷，白色（1）【背心 15g，裤子 20g】35g / 2 卷。
针：棒针 4 号、3 号，钩针 5/0 号。
其他：直径 13mm 的纽扣 4 颗，宽 2cm 的松紧带 52cm。

☘ 成品尺寸
背心　胸围 60cm，背肩宽 24cm，长 29cm；
裤子　腰围 50cm，长 37.5cm。

☘ 织片规格
10cm 见方花样编织 31 针 ×38 行。

☘ 编织方法
后身片　用一般起针法起针编织。袖窿左右交叉伏针编织。从毛线所在的右侧开始编织衣领，然后继续编织掩襟 7 行。中央部分的针重新起线伏针编织，然后继续编织左肩。
前身片　以与后身片相同的方法开始编织。首先从右侧开始编织衣领。肩膀部用白色毛线如图所示减针，编织 11 行，从内侧伏针收针。中央部分用另外的针编织，左侧重新起线编织。
总结　腋下挑针接缝，衣领分别在前后身处分别挑针平针编织 2 行，伏针收针。袖窿与肩部掩襟重叠挑针，平针编织 4 行，用同样的方法收针。在前身片缝上贴花。

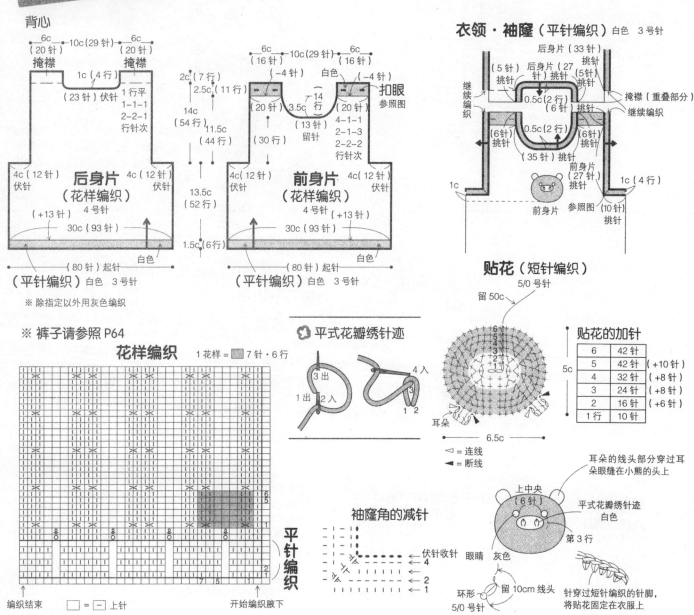

背心

后身片（花样编织）4 号针

前身片（花样编织）4 号针

（平针编织）白色 3 号针

※ 除指定以外用灰色编织

※ 裤子请参照 P64

花样编织

1 花样 = 7 针・6 行

平针编织

编织结束　□ = 上针　开始编织腋下

☘ 平式花瓣绣针迹

衣领・袖窿（平针编织）白色 3 号针

贴花（短针编织）5/0 号针

贴花的加针

6	42 针	
5	42 针	(+10 针)
4	32 针	(+8 针)
3	24 针	(+8 针)
2	16 针	(+6 针)
1 行	10 针	

◁ = 连线
◀ = 断线

袖窿角的减针

耳朵的线头部分穿过耳朵眼缝在小熊的头上
上中央（6 针）
平式花瓣绣针迹 白色
第 3 行
眼睛 灰色
环形 5/0 号针
留 10cm 线头
针穿过短针编织的针脚，将贴花固定在衣服上

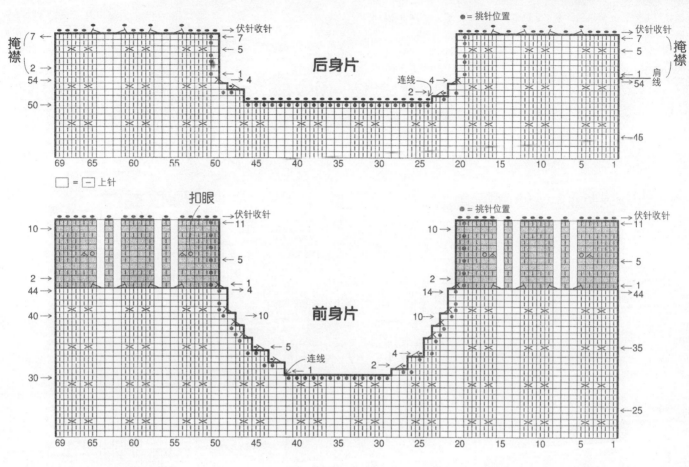

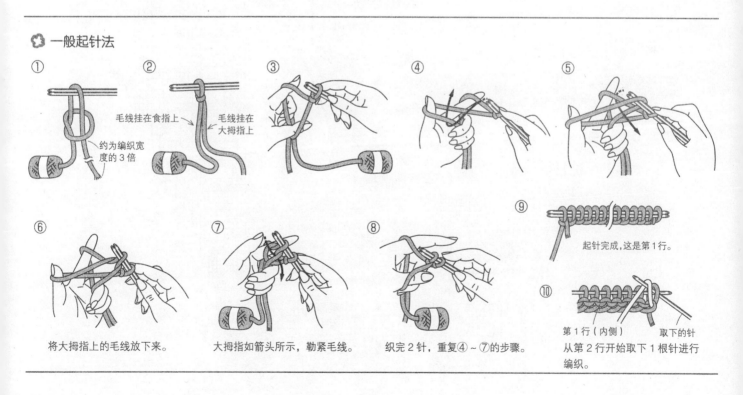

裤子 一般起针法双罗纹编织，下档挂针编织一行后扭针加针，立档用伏针和立起边端1针减针编织。腰带用白色的线编织，减针后继续编织，伏针收针。用相同方法编织2片，立档左右2片挑针接缝，下档1片1片环形接缝。腰带用松紧带重叠2cm穿进裤子的腰部。

❀ 伏针收针

① 编织2针
② 盖上
③ 接下来开始每编织1针重复一次盖针
④ 勒紧

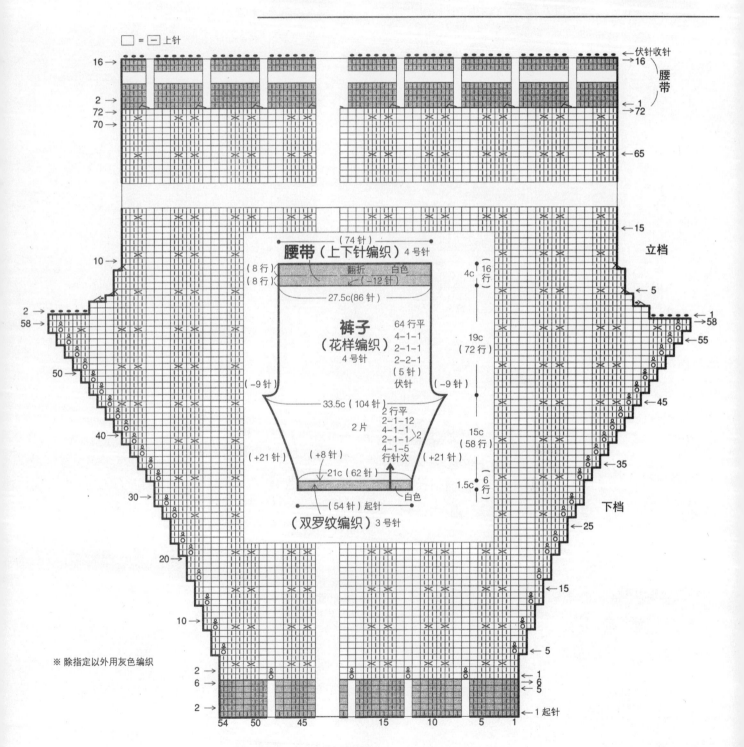

□ = |一| 上针

伏针收针
腰带
立档
下档

腰带（上下针编织）4号针
（74针）
（8行）翻折 白色
（8行）（-12针）
27.5c（86针）
裤子（花样编织）4号针
64 行平
4-1-1
2-1-1
2-2-1
（5针）
伏针
（-9针）（-9针）
33.5c（104针）
2行平
2-1-12
4-1-1
2-1-1 2
4-1-5
行针次
（+21针）（+8针）（+21针）
21c（62针）
白色
（54针）起针
（双罗纹编织）3号针

4c 16行
5
19c（72行）
15c（58行）
1.5c 6行

※除指定以外用灰色编织

64

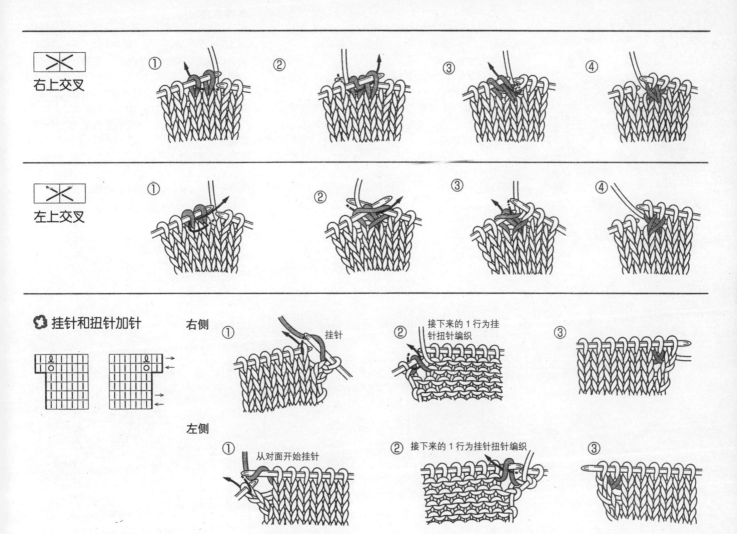

| 右上交叉 | ① | ② | ③ | ④ |

| 左上交叉 | ① | ② | ③ | ④ |

✿ 挂针和扭针加针

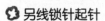

右侧
① 挂针
② 接下来的1行为挂针扭针编织
③

左侧
① 从对面开始挂针
② 接下来的1行为挂针扭针编织
③

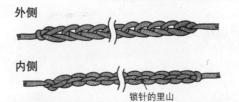

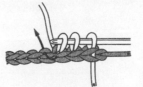

✿ 另线锁针起针

外侧

内侧
锁针的里山

最后引拔毛线编织1针。可编织多于所需的针数。

将毛衣针插入锁针结束的一端的里山，将毛线挂在针上挑出来。

挑出所需的针数。

✿ 另线锁针的挑针

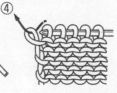

① 从这里拉毛线可以拆开锁针

② ③ ④

看着另线锁针的内侧，拉离自己近的里山拆开锁针。

如箭头所示插入针拆开1针锁针。

用左手一边拆开起针，一边挑针。

不要忘记挑锁针最后的半针。

18,19

12~24个月 P22·23

❀ 材料

毛线：HIDAMARI ORGANIC<FL>18= 乳白色
（2）·19= 黄绿色（4）各100g／各4卷。
针：棒针4号、3号。
其他：直径13mm的纽扣3颗。

❀ 成品尺寸

胸围64cm，背肩宽26cm，长32.5cm，袖长9cm。

❀ 织片规格

10cm 见方花样编织25针 ×33.5行，上下针编织24针 ×34行。

❀ 编织方法

前、后身片 从下摆开始用一般起针法起针编织，用3号针平针编织6行。接着换成4号针进行花样编织，袖隆左右交叉伏针编织。衣领从毛线所在的右侧开始编织，中央的针重新起线伏针编织，然后编织左侧。前、后身片右肩部留针，左肩部伏针收针。

袖子 与袖口以相同的起针方法起针编织，换成上下针编织袖下部分，在袖下内侧的第1针扭针加针编织。

总结 右肩部把表面叠在里面盖针订缝，衣领挑针平针编织，伏针收针。袖子与身体袖隆部位重合，针与行订缝，腋下、袖下部分挑针接缝。

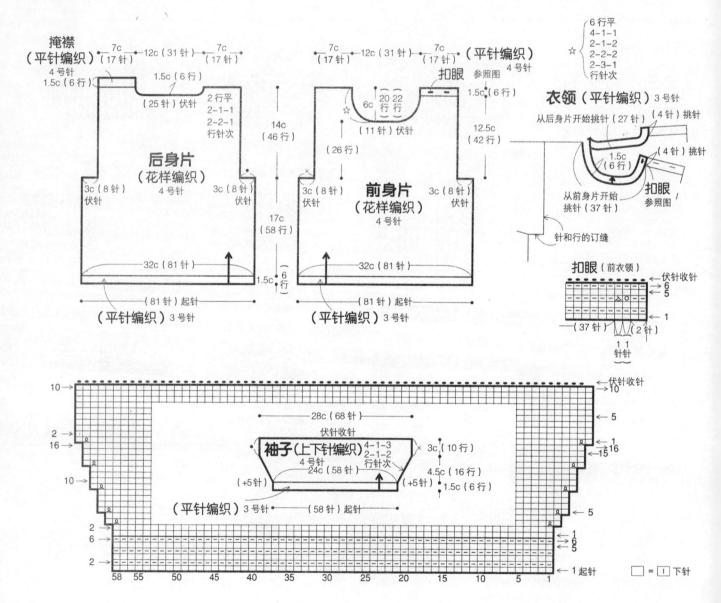

66

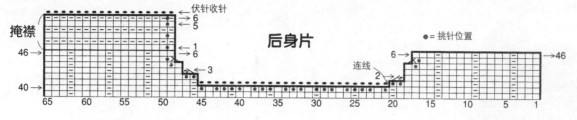

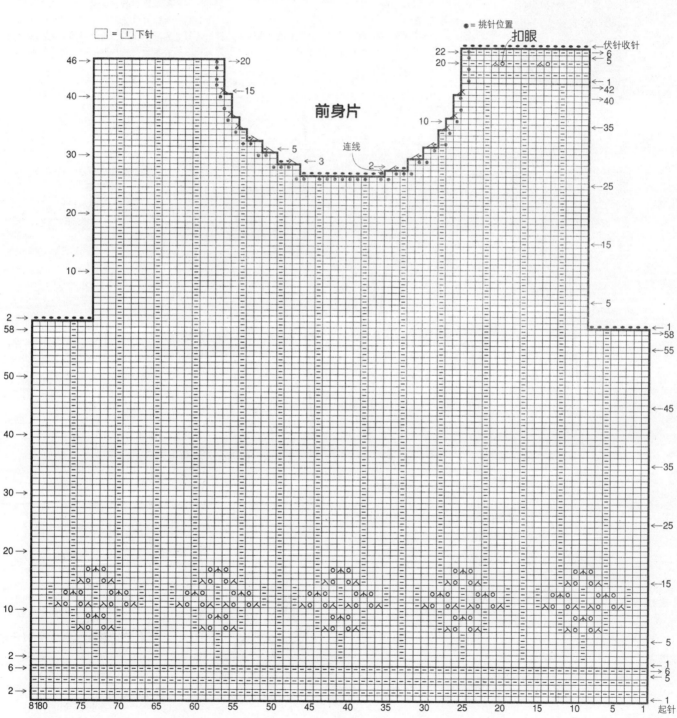

✿ **材料**

毛线：HIDAMARI ORGANIC<FL> 灰色（10）
270g／11卷，鲜鲑肉色（8）15g／1卷。
针：钩针4/0号。

✿ **成品尺寸**

胸围90cm，背肩宽33cm，长64cm，袖长
20.5cm。

✿ **织片规格**

10cm 见方花样编织27针×11.5行，主题花样A、
B 4.5cm×4.5cm。

✿ **编织方法**

后身片　从下摆开始编织锁针起针，锁针里山挑针
进行花样编织，腋下、袖窿如图所示减针编织。衣

领从毛线所在右侧开始编织，左侧重新起线编织。
前身片　同后身片一样编织袖窿5行。育克部分以
相同方法起针编织。主题花样环形起针，1行和2
行交叉颜色编织。编织第2行时，片身和主题花
样用引拔针从左边的主题花样编织到右边，将织
块缝合。
袖子　袖山和袖口部分都用锁针起针编织。主题花
样从左A开始依次向右编织连接，最后连接到左
侧B'。
总结　肩部把表面叠在里面按照【引拔针1针，锁
1针】的方法锁针订缝。腋下、袖下部分按照【引
拔针1针，锁2针】的方法锁针接缝。衣领、袖口
缘编织2行，袖子与片身对接锁针缝合。

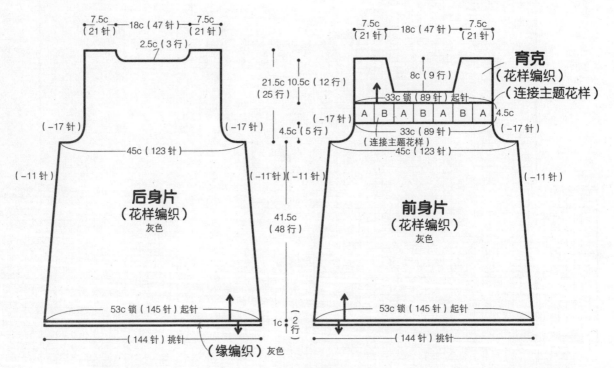

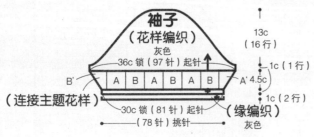

主题花样的配色

	AA'	BB'
1行	灰色	鲜鲑肉色
2行	鲜鲑肉色	灰色

✿ **换线编织**

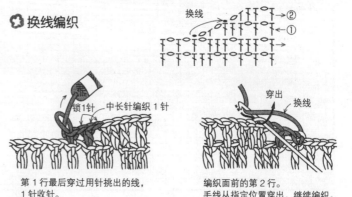

第1行最后穿过用针挑出的线，
1针收针。

编织面前的第2行。
毛线从指定位置穿出，继续编织。

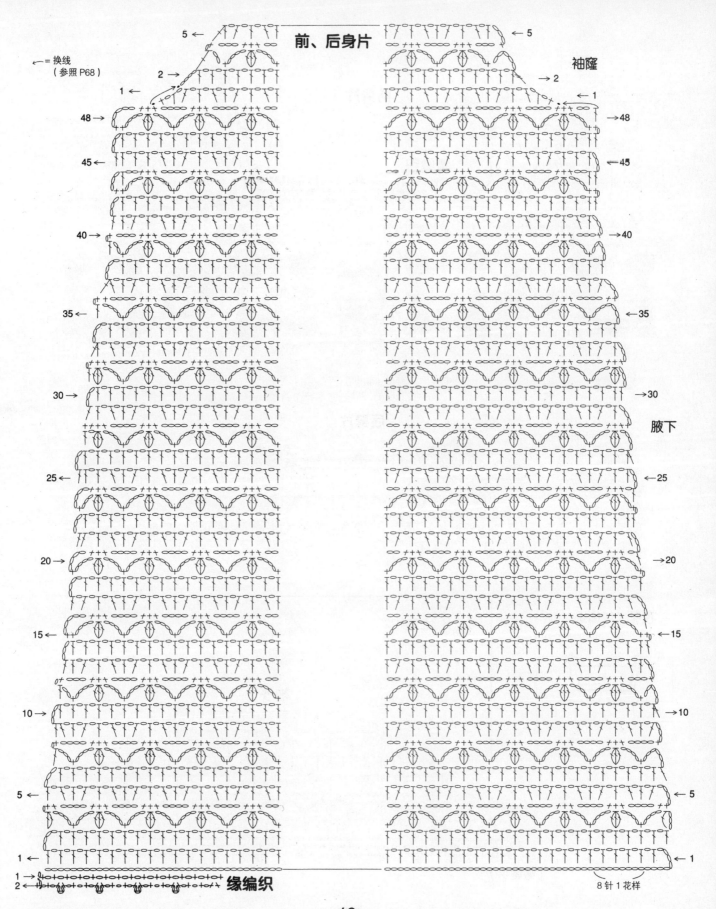

前、后身片

袖窿

腋下

＝换线
（参照 P68）

8针1花样

缘编织

69

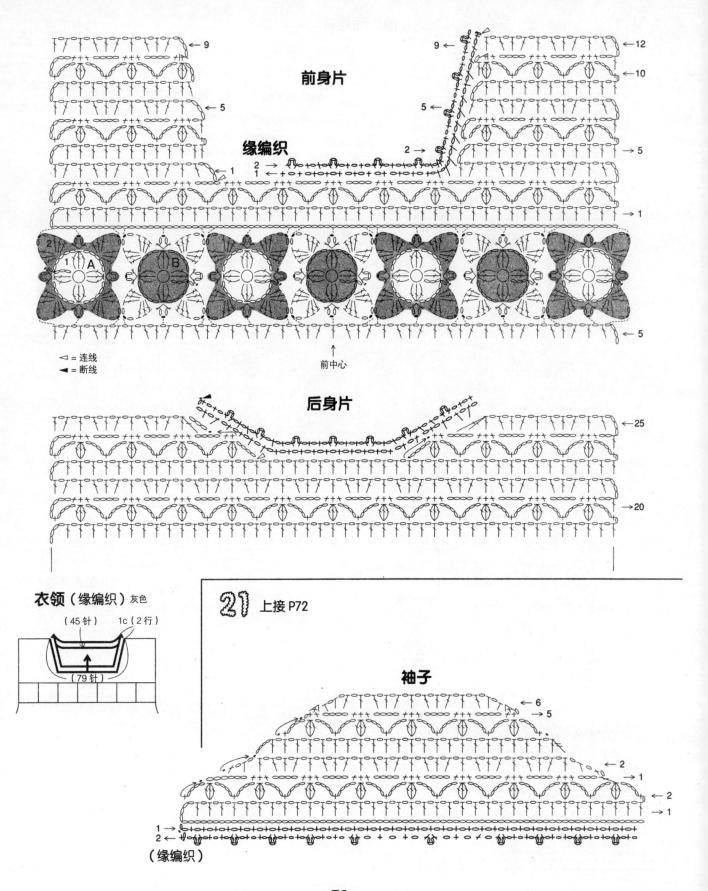

前身片

缘编织

前中心

◁ = 连线
◀ = 断线

后身片

衣领（缘编织）灰色

（45 针）   1c（2 行）

（79 针）

21 上接 P72

袖子

（缘编织）

袖子

16 →

→16

←15

←=换线
（参照P68）

10 →

→10

←5

2 →
1 ←

←1
←1
→1

2
1 A
B

B'

A'

←1

缘编织 1
2

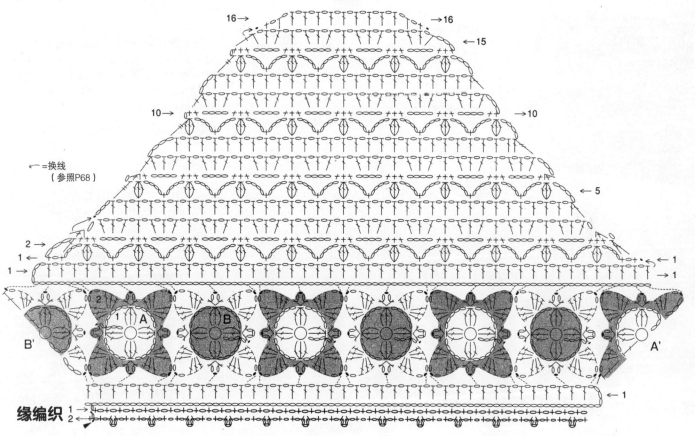

袖子（花样编织）

鲜鲑肉色
28c锁（78针）起针

5.5c（6行）

1.5c（2行）

（60针）挑针

1c（2行）

（花样编织）

6c
（16针）

6.5c
（17针）

6.5c
（17针）

12c（31针）

6.5c
（17针）

6.5c
（17针）

6c
（16针）

1c（1行）

（花样编织）

鲜鲑肉色

锁（33针）起针

9.5c
（11行）

7c（8行）

14.5c
（17行）

2.5c（3行）

B A B'

（-12针）

（-12针）

A' B A

4.5c

（44针）

（44针）

（连接主题
花样）

左前

后身片
（花样编织）
鲜鲑肉色

17.5
（20行）

右前

16c（44针）

32c（89针）

16c（44针）

64c锁（177针）起针

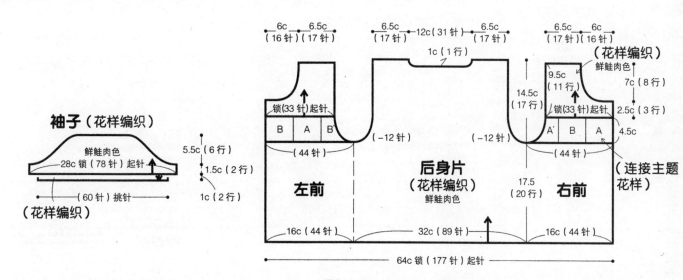

71

21

12~24 个月　P24

● **材料**
毛线：HIDAMARI ORGANIC<FL> 鲜鲑肉色（8）
100g / 4 卷，白色（1）5g / 1 卷。
针：钩针 4/0 号。
其他：直径 20mm 的纽扣 1 颗。

● **成品尺寸**
胸围 65cm，背肩宽 25cm，长 33cm，袖长 8cm。

● **织片规格**
10cm 见方花样编织 27 针 × 11.5 行，主题花样 A·B
4.5cm × 4.5cm。

● **编织方法**
前、后身片　从下摆开始以锁针编织起针，锁针里
山挑针，花样编织左前、后、右前身片 20 行。从

袖窿开始，在后身片的指定位置连线编织。事先各
起针编织右前、左前身片。环形起针编织主题花样，
用一种颜色编织一行后换另一种颜色的毛线编织另
一行，如此交叉编织。编织第 2 行时，身片和主题
花样用引拔针编织并连接。
袖子　与身片以相同的方法起针编织。
总结　肩部把表面叠在里面按照【引拔针 1 针，锁
1 针】的方法锁针订缝，袖下部分也同样锁针接缝
编织。下摆、前襟、衣领继续缘编织 2 行，在右前
身片设置扣眼，在左前身片订缝纽扣。袖子用锁针
接缝连接到身片上。

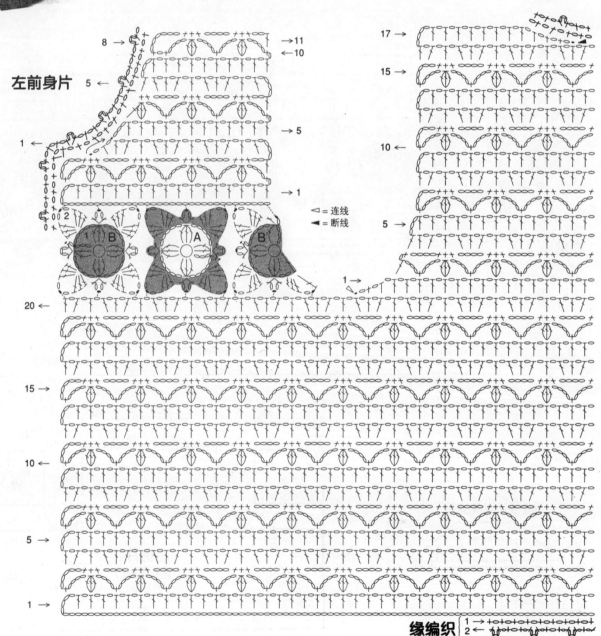

左前身片

▷ = 连线
◀ = 断线

缘编织

主题花样的配色

	AA'	BB'
1行	鲜鲑肉色	白色
2行	白色	鲜鲑肉色

下摆·前襟·衣领
（缘编织）鲜鲑肉色

※ 身片和袖子的编织
图参照 P70·71

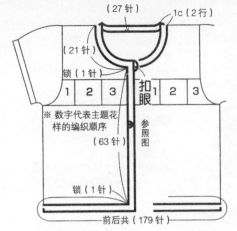

（27针）
1c（2行）
（21针）
锁（1针）
扣眼
1 2 3
扣眼
1 2 3
※ 数字代表主题花样的编织顺序
（63针）
参照图
锁（1针）
前后共（179针）

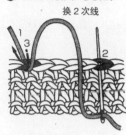

🌸 扣眼的换线方法

换2次线

短针编织时把线头包在里面。

后身片

右前身片

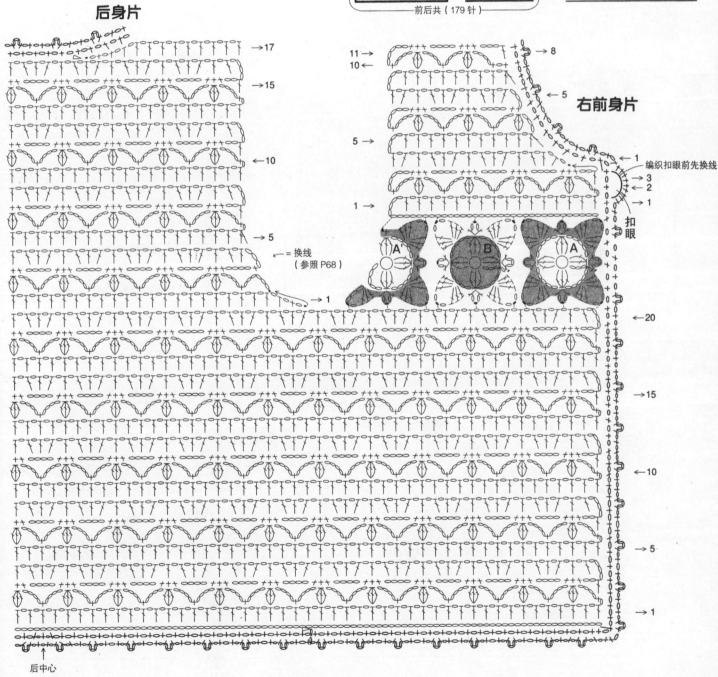

→17
→15
→10
→5
←= 换线
（参照 P68）
→1

11→
10←
←5
5→
1→
→8

→1
编织扣眼前先换线
→3
→2
→1
扣眼

A' B A

←20
→15
←10
→5
→1

后中心

73

🌸 **材料**
毛线：CAFÉ ORGANIC<FL> 乳白色（1）90g／4 卷，
浅棕色（4）30g／2 卷。
针：棒针 5 号。
其他：直径 15mm 的纽扣 2 颗。

🌸 **成品尺寸**
胸围 64cm，背肩宽 26cm，长 32cm，袖长 12.5cm。

🌸 **织片规格**
10cm 见方上下针编织·花纹共 20.5 针 ×29.5 行。

🌸 **编织方法**
后身片 从下摆开始用一般起针法起针编织。袖窿
左右交叉伏针减针编织，衣领从毛线所在的左侧开

始编织，接着掩襟部分用双罗纹编织 6 行伏针收针。中
央部分重新起线编织 16 针伏针后继续编织右侧，
留针。
前身片 与后身片以相同的方法起针编织。中央部
分加入花样编织。衣领部分从毛线所在的右侧开始
编织，在肩膀处制作扣眼。中央部分重新起线伏针
编织，接着编织左侧留针。
袖子 袖下部分从内侧在第 1 针处加针编织。
总结 右肩部分把表面叠在里面盖针订缝。衣领挑
针双罗纹编织 6 行伏针收针。腋下、袖下部分挑针
接缝。袖子掩襟部分与片身重叠引拔针接缝。

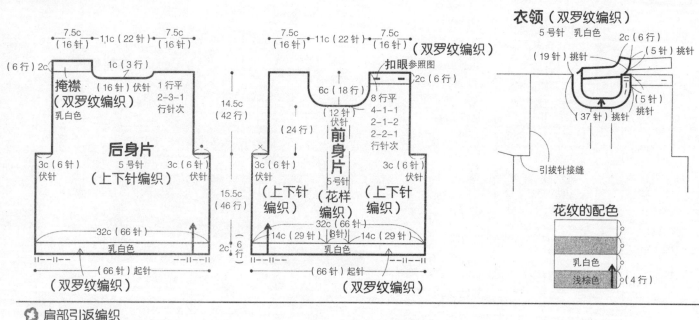

🌸 **肩部引返编织**

右侧

① 第 1 行 留第一次的针数不编织
留 4 针

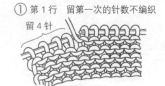

② 第 2 行 交替编织
移向右针 滑针 挂针 4 针

③ 保留第 3 行最后两次编织的针数
留 3 针

④ 滑针（移向右针）
挂针 3 针

向右针移 2 针   回到左针

⑤ 2 针并 1 针 减行

左侧

① 第 1 行 外面的行的最后部分保
留第一次编织的针数
留 4 针

② 第 2 行 交替编织
挂针（移向右针）
滑针 4 针

③ 留第 3 行最后两次编织的针数
留 3 针

第 2 行 交替编织

④ 滑针（移向右针）
挂针 3 针 滑针 挂针

⑤ 2 针并 1 针 减行

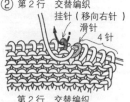

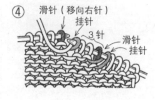

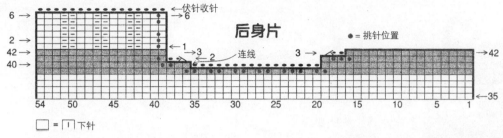

后身片

←伏针收针
→6
← 1 →3
2   连线
3

● = 挑针位置

□ = ⌐|⌐ 下针

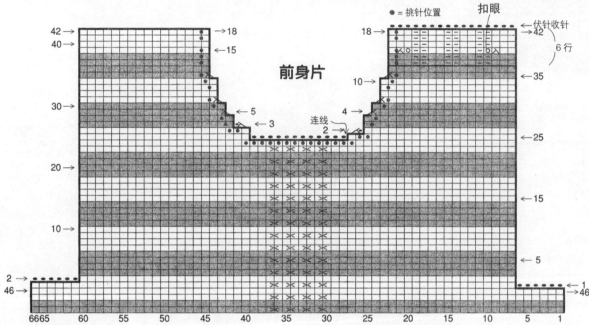

前身片

● = 挑针位置   扣眼
←伏针收针
→42
6 行
←35

连线

袖子

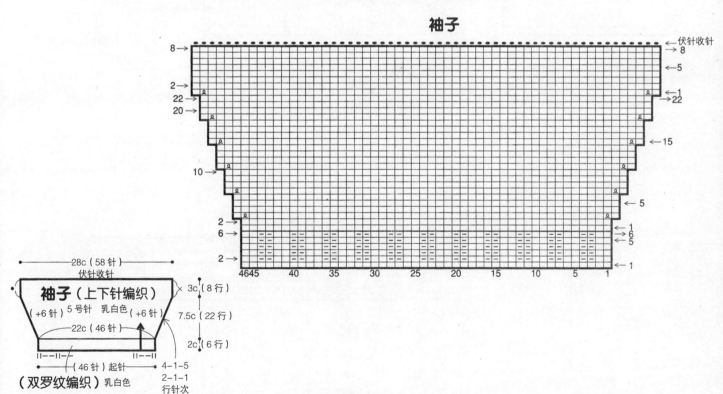

袖子（上下针编织）
28c（58针）
伏针收针
×3c（8行）
（+6针）5号针   乳白色   （+6针）
7.5c（22行）
22c（46针）
2c（6行）
（46针）起针
（双罗纹编织）乳白色
4-1-5
2-1-1
行针次

75

23

妈妈穿　P26·27

材料

毛线:CAFÉ ORGANIC<FL> 粉色(3)285g / 12 卷，
浅棕色(4) 55g / 3 卷。

针：棒针 5 号。

其他：直径 18mm 的纽扣 5 颗。

成品尺寸

胸围 94.5cm，背肩宽 34cm，长 53.5cm，袖长 51cm。

织片规格

10cm 见方上下针编织·花纹共 20.5 针 ×29.5 行。

编织方法

后身片 从下摆开始用粉色毛线以一般起针法起针
平针编织 8 行，接着转为上下针编织 36 行花纹，
然后用粉色毛线编织。袖隆用伏针和两端立 1 针减

针编织，肩部在剩下的部分引返编织。

前身片 同后身片相同方法起针编织，中央加入花
样编织，左右对称各编织 2 片。

袖子 袖下部分在 1 针内侧扭针加针编织，袖山用
伏针和两端立 1 针减针进行编织，编织结束后伏针
收针。

总结 肩部把表面叠在里面盖针订缝。腋下、袖下
部分挑针接缝。衣领、前襟挑针平针编织 10 行，
在右前身片上制作扣眼，编织完后伏针收针。袖子
用引拔针缝在片身上，在左前身片订缝纽扣。

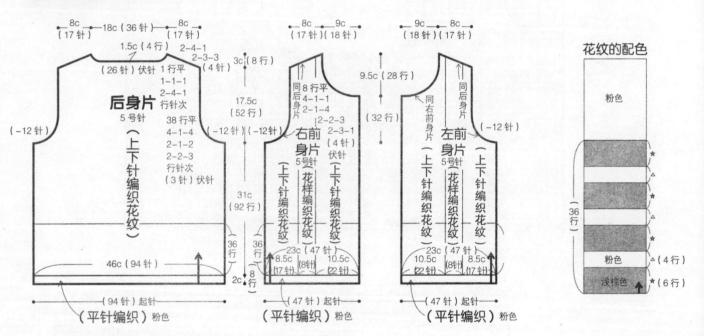

衣领·前襟（平针编织）粉色　5号针

※ 袖子参照 P81

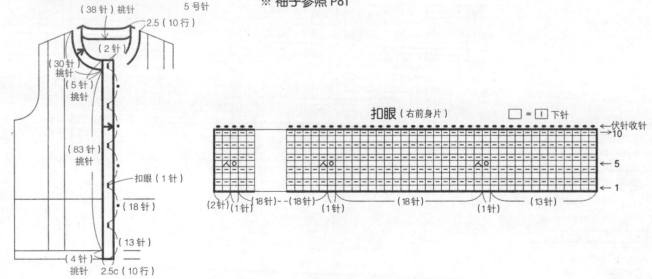

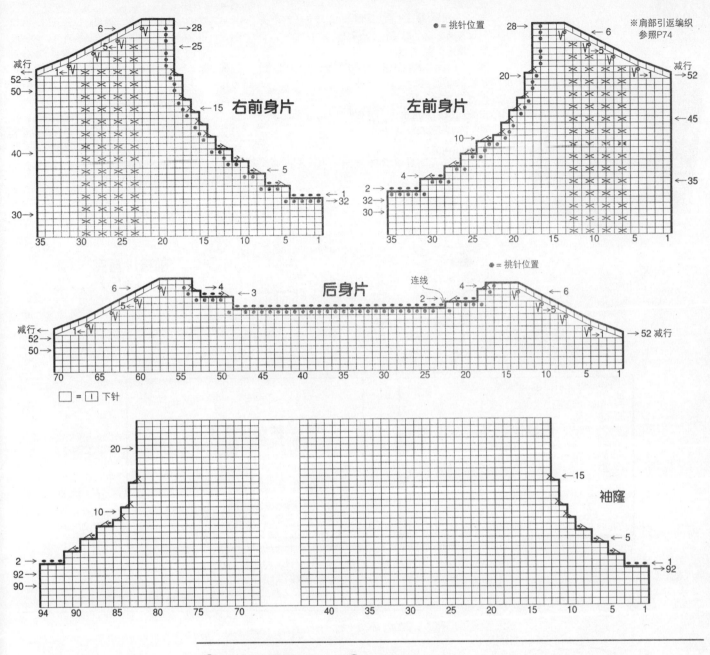

右前身片

左前身片

※肩部引返编织
参照P74

● = 挑针位置

后身片

连线

● = 挑针位置

□ = ① 下针

袖窿

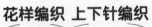

花样编织 上下针编织

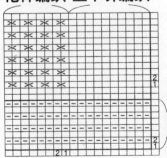

平针编织

□ = ① 下针

✿ 引拔针接缝袖子

① 抽出毛线

片身内侧朝外，装上袖子
后把表面叠在里面缝合

② 将针穿入下 1 针和
袖子，挂线

③ 引拔

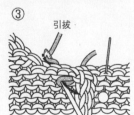

④

⑤

袖子

从开始接缝针
的下边穿过

身片
(内侧)

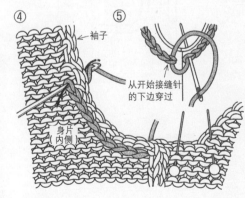

24

12~24 个月 P28

❀ 材料
毛线：HIDAMARI ORGANIC<FL> 粉色（7）【无袖连衣裙 145g、灯笼裤 90g】235g /10 卷。
针：棒针 4 号、2 号。
其他：5mm 宽的松紧带 25cm×2 根，2cm 宽的松紧带 52cm。

❀ 成品尺寸
无袖连衣裙 胸围 60cm，背肩宽 22cm，长 44.5cm；
灯笼裤 腰围 50cm，长 29.5cm。

❀ 织片规格
10cm 见方上下针编织 25 针 ×35 行，花样编织 31 针 ×35 行。

❀ 编织方法
无袖连衣裙 从单罗纹编织的交替位置开始另线锁针起针编织裙子。换成花样编织编织育克，如图所示减 12 针。袖窿 2 针以上减针编织伏针，1 针用边端立起 1 针减针编织。衣领从毛线所在的右侧开始编织，中央部分用伏针编织，接着从左侧编织。右肩部分留针，左肩部分伏针编织。

总结 下摆拆开另线锁针挑针单罗纹编织 6 行，伏针收针。右肩部分把表面叠在里面盖针订缝，腋下挑针接缝。衣领、袖窿如图所示挑针编织。左肩部分前、后身片用挑针单罗纹编织 6 行，前肩部分制作扣眼，编织结束后伏针收针。

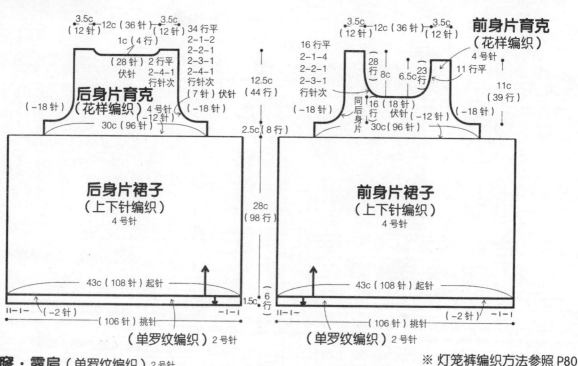

衣领·袖窿·露肩（单罗纹编织）2 号针

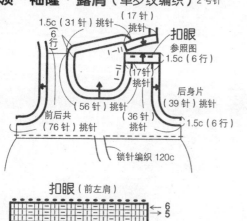

※ 灯笼裤编织方法参照 P80

❀ 边端减 1 针

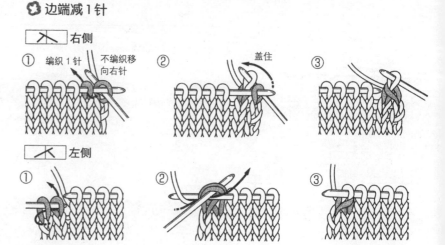

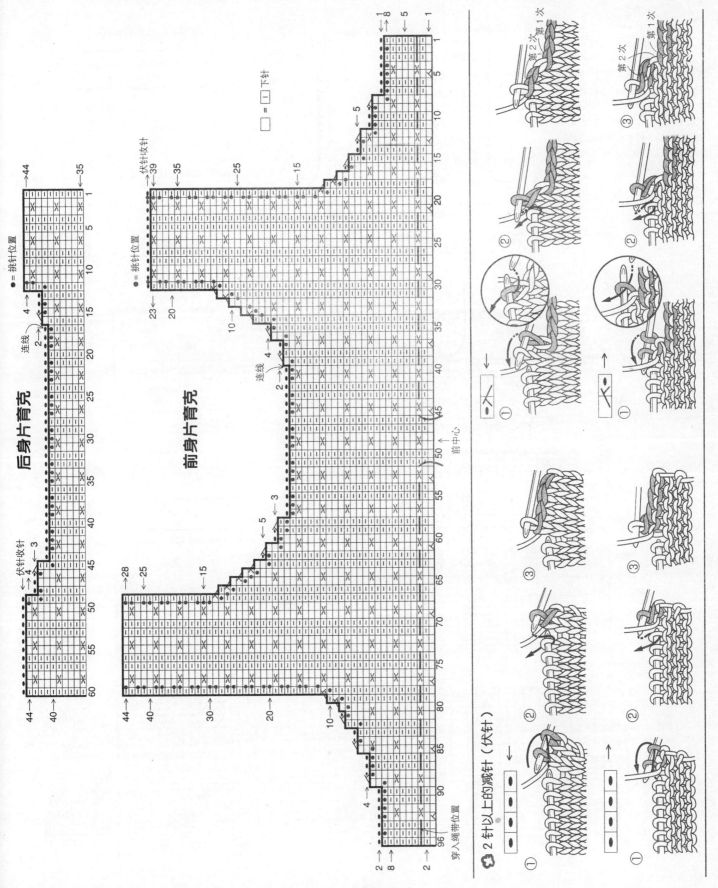

后身片育克

前身片育克

□ = 1 下针

● = 挑针位置

3 2针以上的减针（伏针）

24 上接 P79

灯笼裤　从裤口开始另线锁针起针上下针编织8行，折向里面变成2层，一起编织下1行。立档伏针和边端1针立起减针编织。后身片向上伏针编织，对称编织2片。立档左右2片挑针接缝，下档各片环形接缝。腰带挑针环形编织，松紧带重合2cm环形穿入。

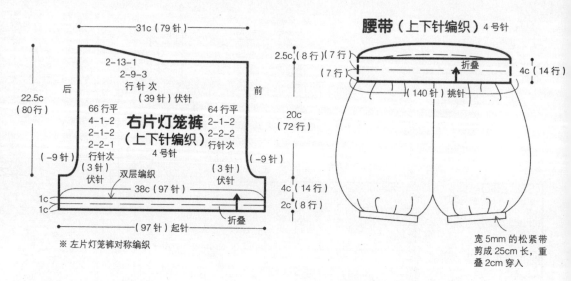

腰带（上下针编织）4号针

2.5c（8行）（7行）
（7行）
（140针）挑针

4c（14行）

31c（79针）

2-13-1
2-9-3
行 针 次
（39针）伏针

后

右片灯笼裤
（上下针编织）
4号针

前

66行平
4-1-2
2-1-2
2-2-1
行 针 次
（3针）伏针

64行平
2-1-2
2-2-2
行 针 次
（3针）伏针

22.5c
（80行）

20c
（72行）

（-9针）

（-9针）

双层编织
38c（97针）

4c（14行）
2c（8行）

1c
1c

折叠

（97针）起针

※ 左片灯笼裤对称编织

宽5mm的松紧带剪成25cm长，重叠2cm穿入

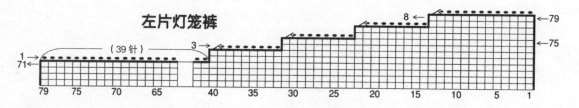

左片灯笼裤

（39针）
3
8
←79
←75

1
71←
79　75　70　65　40　35　30　25　20　15　10　5　1

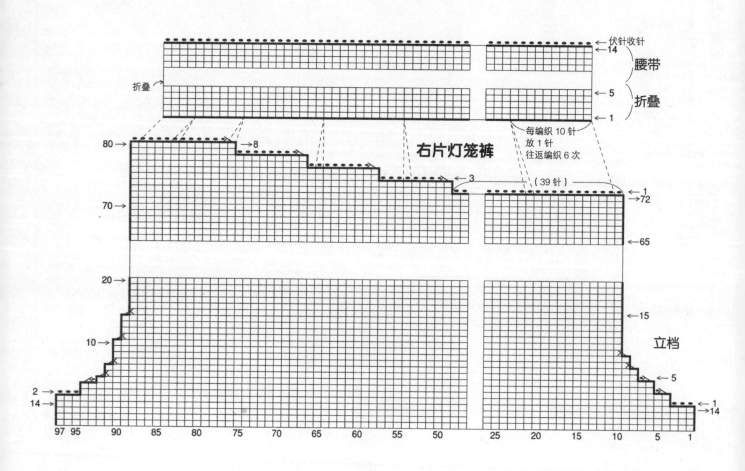

伏针收针
←14

腰带

折叠

←5

折叠
←1

折叠

80→
→8

每编织10针
放1针
往返编织6次

右片灯笼裤

3
（39针）
←1
→72

70→

←65

20→

←15

立档

10→

←5

2→
14→

←1
→14

97　95　90　85　80　75　70　65　60　55　50　25　20　15　10　5　1

23 上接 P76

袖子

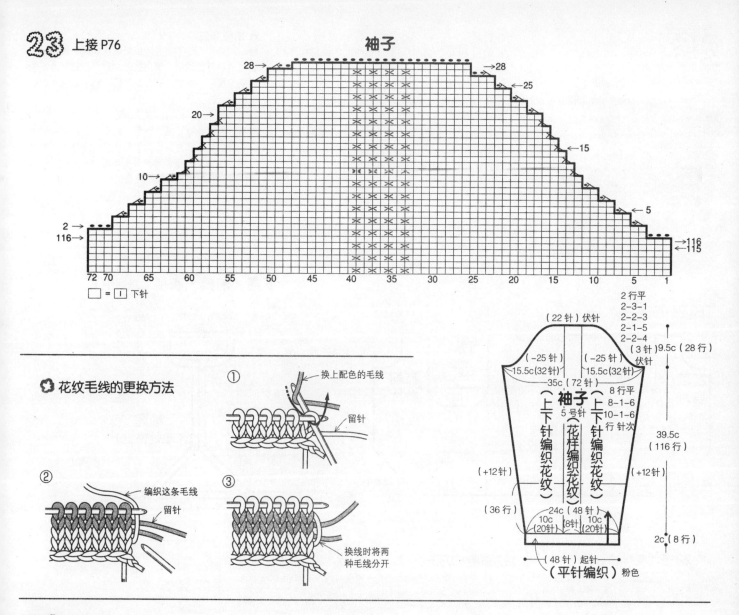

☘ 花纹毛线的更换方法

28 上接 P86

左侧裤子

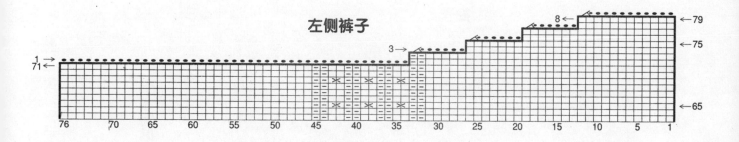

25

12~24 个月 P29

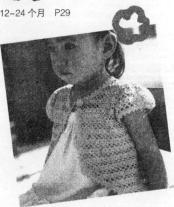

🎀 **材料**
毛线：CAFÉ ORGANIC CLOCHE 30 浅驼色（2）
50g / 3 卷。
针：蕾丝针 2 号。
其他：直径 11mm 的纽扣 2 颗。

🎀 **成品尺寸**
胸围 64cm，背肩宽 20cm，长 29cm，袖长 7cm。

🎀 **织片规格**
10cm 见方花样编织 10 花样 ×20 行。

🎀 **编织方法**
前、后身片 从下摆开始锁针编织起针，锁半针和里山挑针开始编织。编织右前、后、左前身片。胸线从毛线所在右前部分开始编织，接下来重新起线编织后、左前身片。
袖子 与身片以相同的方法编织。
总结 肩部卷针订缝，下摆、前襟、衣领继续缘编织 3 行。袖子和片身把表面叠在里面短针编织挑针接缝，没有安袖子的部分短针编织 2 行进行处理。制作环袢和包扣并订缝在指定位置。

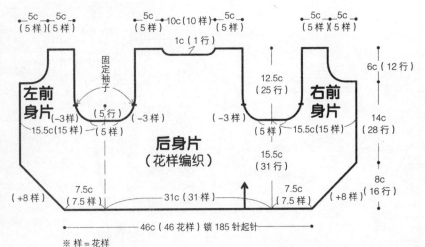

下摆 · 前襟 · 衣领（缘编织）

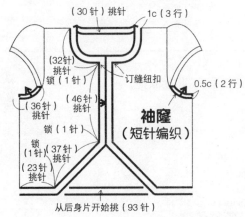

袖子（花样编织）

缝制扣袢的方法
6c 锁 20 针起针
订缝

纽扣 2 个

5 行…（6 针）
4 行…（12 针）
3 行…（12 针）
2 行…（12 针）
1 行…（6 针）

※ 剩下的 6 针穿入纽扣订缝

袖子

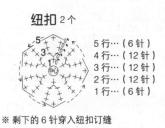

◁ = 连线
◀ = 断线
≒ = 换线
（参照 P68）

缘编织

左前身片

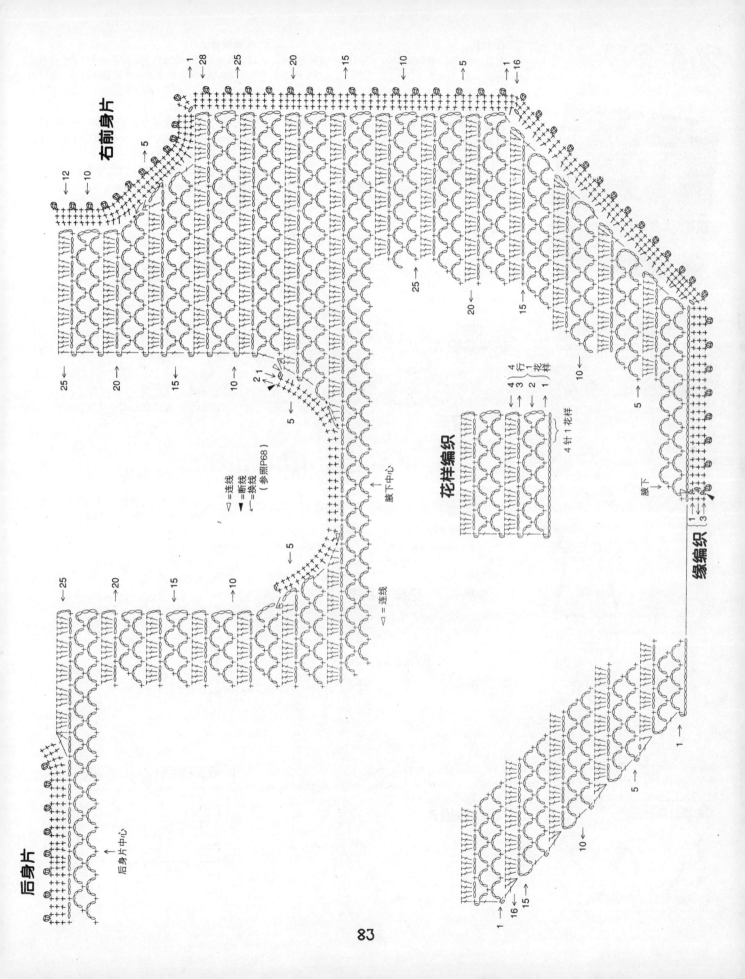

右前身片

后身片

花样编织

缘编织

83

26,27

♋ 材料

毛线：HIDAMARI ORGANIC<FL> 26= 乳白色（2）
45g／2 卷，鲜鲑肉色（8）20g／1 卷，27= 淡绿色（5）
45g／2 卷，乳白色（2）15g／1 卷。

针：钩针 5/0 号。

其他：9mm×8mm 椭圆形纽扣 1 颗（鼻子用）。

♋ 成品尺寸

宽 18cm，长 18.5cm。

♋ 织片规格

10cm 见方花样编织 B20 针 ×13 行。

♋ 编织方法

底部环形起针，在长针编织位置加针一层一层编织
6 行花样编织 A。侧面用花样编织 B 代替，每行倒
手编织 24 行 72 针（24 花样）。包盖用环形起针半
圆形花样编织 A 编织 10 行。从第 11 行按照【引
拔针 1 针，锁 2 针】的方法往返编织半圆形，然后
长针编织边端，将侧面和包盖的面朝里对折后短针
订缝。

总结　女孩用的包盖配花朵花纹，男孩用缝缀小熊。
如图所示制作背带并固定在指定位置。

包盖的加针

10	45 针	
9	45 针	（+9 针）
8	36 针	
7	36 针	（+9 针）
6	27 针	
5	27 针	（+9 针）
4	18 针	
3	18 针	（+9 针）
2	9 针	
1 行	9 针	
环形起针		

包盖（花样编织 A）

1c（1 行）
0.5c　　6c（10 行）

（缘编织）

※作品26全用b色，作品27到第10行为
止用b色，11行和接下来的1行用a色

包盖 花样编织 A

1 2 3 4 5 6 7 8 9 10
→11

继续编织

继续编织
1（侧面和包盖把面叠在里面短针订缝）
→24

穿入打结绳带

26 的作品

（卷针绣针迹
鲜鲑肉色 1 根）

花样

打结丝带

打结

主题花样
乳白色

侧面 花样编织 B
背中心
穿入背带

←5
打结
→2
←1
（72针）24 花样
3 针 1 花样

卷针绣针迹

1 出　3 出
2 入

2~3 长短卷得
略长一点
1　3
2

卷毛线
2
4 入

底部 花样编织 A

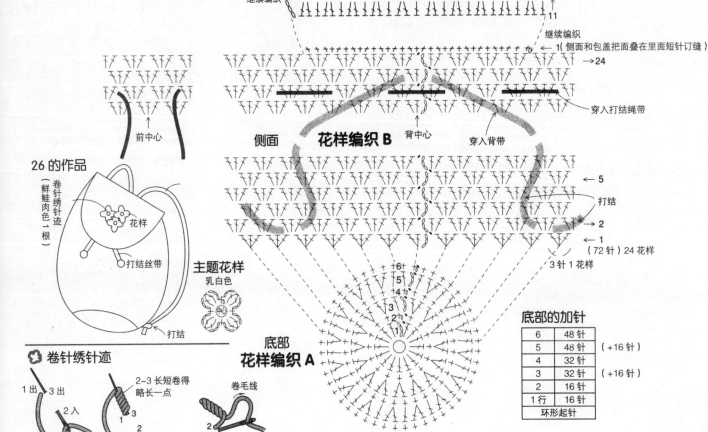

+6针
5
4
3
2
1

7.5c

底部的加针

6	48 针	
5	48 针	（+16 针）
4	32 针	
3	32 针	（+16 针）
2	16 针	
1 行	16 针	
环形起针		

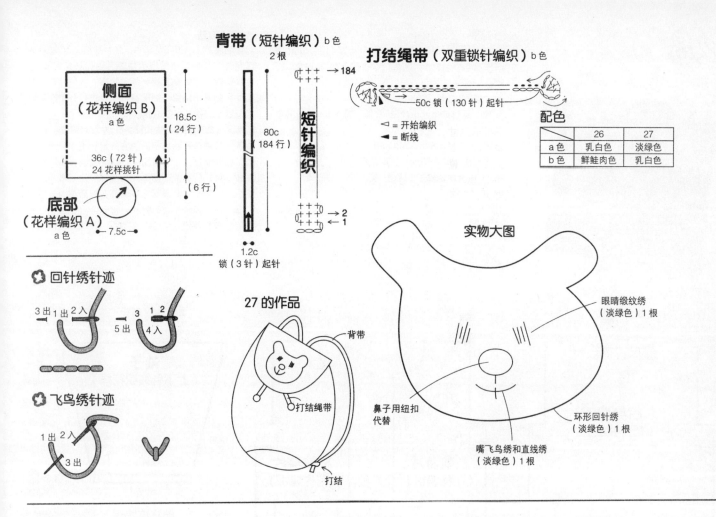

背带（短针编织）b色
2根

打结绳带（双重锁针编织）b色

侧面
（花样编织 B）
a色

18.5c
（24 行）

36c（72 针）
24 花样挑针

底部
（花样编织 A）
a色

7.5c

80c
（184 行）

短针编织

→184
+++
+++

→2
→1
+++
+++

1.2c
锁（3 针）起针

50c 锁（130 针）起针

▷ = 开始编织
◀ = 断线

配色

	26	27
a色	乳白色	淡绿色
b色	鲜鲑肉色	乳白色

实物大图

眼睛缎纹绣
（淡绿色）1 根

环形回针绣
（淡绿色）1 根

鼻子用纽扣
代替

嘴飞鸟绣和直线绣
（淡绿色）1 根

回针绣针迹

3 出 1 出 2 入
5 出 3 1 2
4 入

飞鸟绣针迹

1 出 2 入
3 出

27 的作品

背带
打结绳带
打结

28 上接 P86

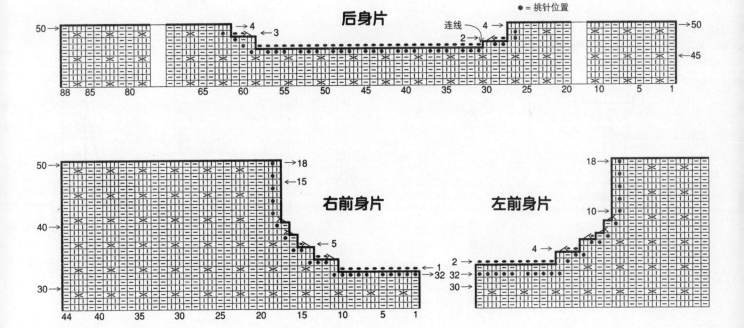

● = 挑针位置

后身片

连线

右前身片

左前身片

85

28

12~24 个月 P32

❀ 材料
毛线：HIDAMARI ORGANIC<FL> 浅驼色（9）【对襟毛衣 145g、裤子 100g】245g / 10 卷，乳白色（2）25g / 1 卷。
针：棒针 4 号，2 号。
其他：直径 14mm 的纽扣 5 颗，宽 2cm 的松紧带 52cm。

❀ 成品尺寸
对襟毛衣 胸围 69.5cm，背肩宽 28cm，长 33.5cm，袖长 24.5cm；裤子 腰围 50cm，长 37.5cm。

❀ 织片规格
10cm 见方花样编织 31 针 ×34 行，上下针编织花纹 25 针 ×35 行。

❀ 编织方法
对襟毛衣
后身片 从单罗纹转换的位置另线锁针起针编织，花样编织。左右交叉伏针编织袖隆。衣领从毛线所在的右侧开始编织，肩部留针。中央部分重新起线伏针编织，接着编织左侧。
前身片 以相同的方法起针编织，左右对称编织 2 片。
袖子 从袖口开始以相同的方法起针上下针编织花纹，袖下部分在 1 针内侧扭针加针编织。
总结 前、后身片下摆拆开另线锁针，挑针单罗纹编织，伏针收针。肩部把表面叠在里面与身片盖针订缝，袖子和身片进行针和行接缝连接，腋下、袖下部分挑针接缝。衣领、前襟挑 1 针单罗纹编织，伏针收针。

对襟毛衣

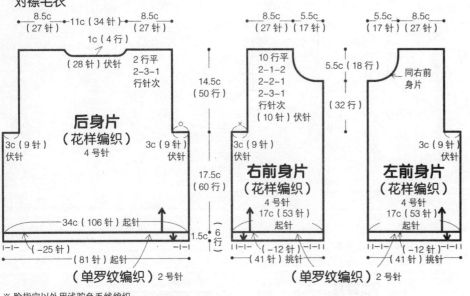

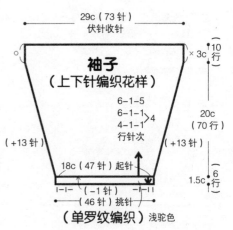

※后、右前、左前身片的编织图见 P85，左侧裤子的后侧上方部分编织图见 P81。

※ 除指定以外用浅驼色毛线编织

衣领·掩襟（单罗纹编织）

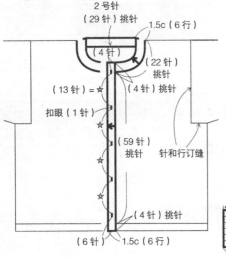

花样编织

花纹的配色

扣眼（左前襟）

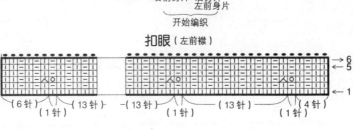

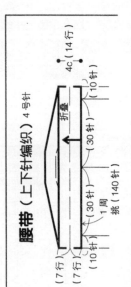

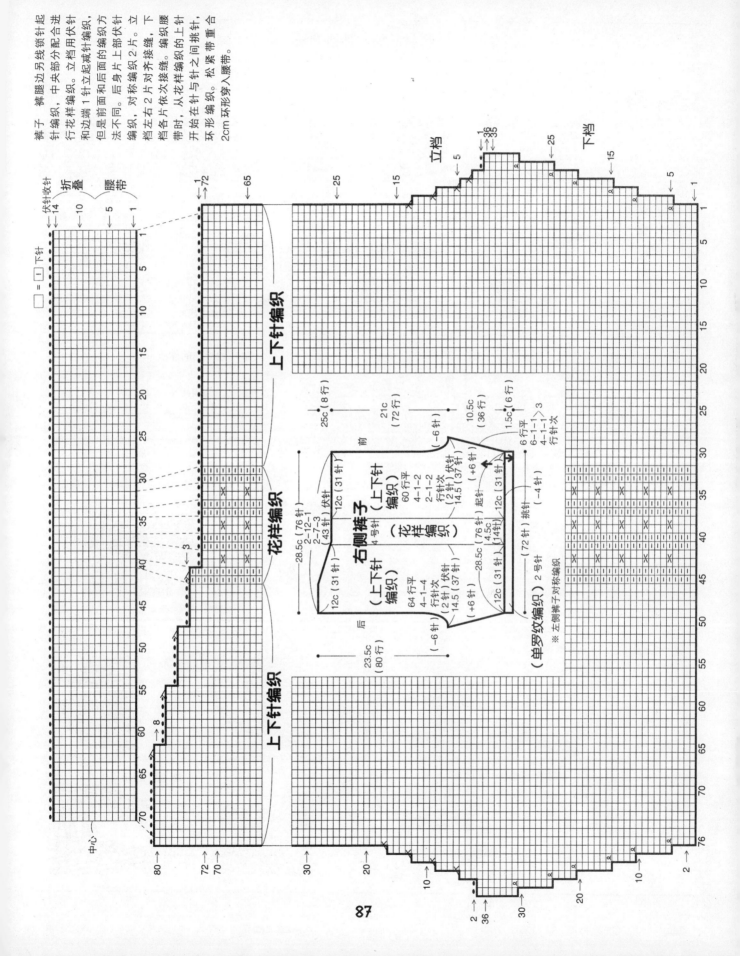

裤子 裤腿边另线锁针起针编织，中央部分配合进针编织，立档样编织。立档用伏针行花样编织，和边端1针立起减针编织，但是前面和后面的编织方法不同。后身片上部伏针编织，对称编织2片。立档左右2片对齐接缝，下档各片依次接缝。编织腰带时，从花样编织的上针开始在针与针之间挑针，环形编织。松紧带重合2cm环形穿入腰带。

□ = 丁 下针

伏针收针 14
折叠 10
腰带 5
1

上下针编织

花样编织

上下针编织

中心

80 →
72 →
70 →
30 →
20 →
10 →
2 →
36 →
30 →
20 →
10 →
2 →

→8

立档
下档

36
35
25
15
5
1

右侧裤子 4号针

前

25c (8行)
21c (72行)
10.5c (36行)
1.5c (6行)

上下针编织

28.5c (76针)
2-12-1
2-7-3 (43针) 伏针

12c (31针)

花样编织

60行平
4-1-2
2-1-2
行针次
14.5 (2针) 伏针
(37针)
起针 (+6针)

12c (31针)

6行平
6-1-1-2
4-1-1 > 3
行针次

(-6针)

後

上下针编织

64行平
4-1-4
行针次
14.5 (2针) 伏针
(37针)
(+6针)

12c (31针)
(14针入)

(72针) 挑针

(-4针)

(单罗纹编织) 2号针

※ 左侧裤子对称编织

23.5c (80行)

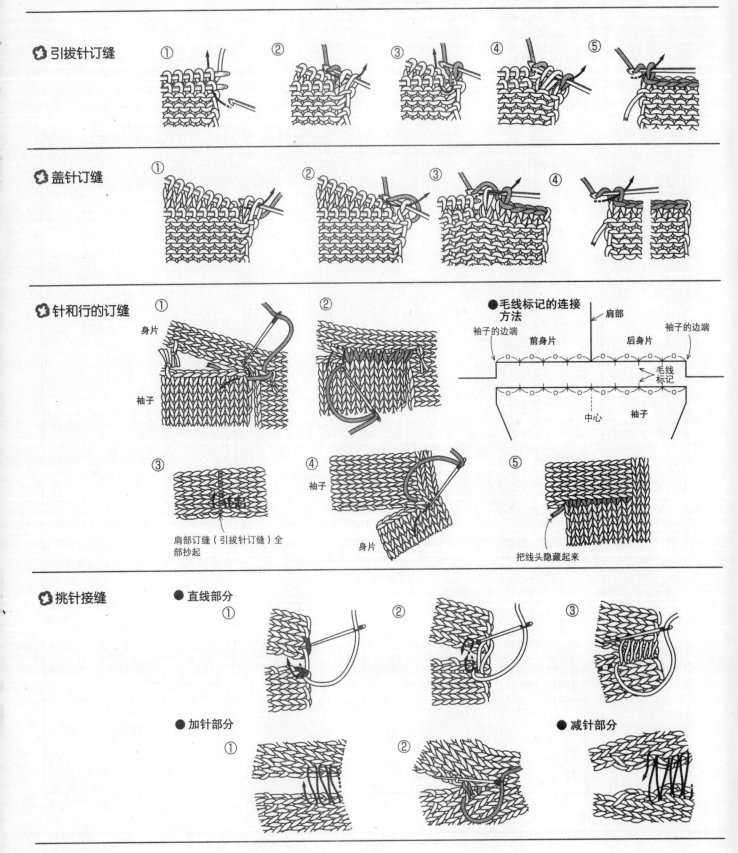

✿ 引拔针订缝
① ② ③ ④ ⑤

✿ 盖针订缝
① ② ③ ④

✿ 针和行的订缝
①
身片
袖子
②
③
肩部订缝（引拔针订缝）全部抄起
④
袖子
身片
⑤
把线头隐藏起来

● 毛线标记的连接方法
肩部
袖子的边端
前身片 后身片
袖子的边端
毛线标记
中心 袖子

✿ 挑针接缝
● 直线部分
① ② ③
● 加针部分
① ②
● 减针部分